基础拓扑学讲义

王 兢 贺小明 编著

中央民族大学出版社
China Minzu University Press

本书是拓扑学的入门教材，内容以点集拓扑为主。全书共四章，前三章介绍点集拓扑学的基本概念和基本理论；第四章介绍同伦的基本概念，属于代数拓扑的范畴。本书从距离空间引入学习内容，直观性强，便于初学者学习。在大部分概念和定理之后，本书都配了例题，以帮助学生理解概念、掌握定理。为满足教学的需要，本书在每个章节后提供了一定数量的练习题。本书体系严谨，论证严密，注重基础，直观性强，能够很好地培养学生的直观想象能力和推理能力。

本书可作为综合型大学和师范院校数学相关专业高年级本科生或低年级研究生的教材，也可作为拓扑学自学的入门读物。

图书在版编目（CIP）数据

基础拓扑学讲义/王兢，贺小明编著. —北京：中央民族大学出版社，2022.8（2023.7 重印）

ISBN 978-7-5660-2105-2

Ⅰ.①基… Ⅱ.①王… ②贺… Ⅲ.①拓扑－研究 Ⅳ.①O189

中国版本图书馆 CIP 数据核字（2022）第 135308 号

基础拓扑学讲义

编　　著 王　兢　贺小明　**策划编辑** 张俊红
责任编辑 杜星宇　**责任校对** 何晓雨
出版发行 中央民族大学出版社
北京市海淀区中关村南大街 27 号　邮编：100081
电话：(010)68472815(发行部)　传真：(010)68932751(发行部)
(010)68932218(总编室)　(010)68932447(办公室)
经 销 者 全国各地新华书店
印 刷 厂 北京鑫宇图源印刷科技有限公司
开　　本 145mm×210mm　1/32　**印　　张** 2.75
字　　数 80 千字
版　　次 2022 年 8 月第 1 版　**印　　次** 2023 年 7 月第 2 次印刷
书　　号 ISBN 978-7-5660-2105-2
定　　价 20.00 元

前　言

从历史上看，拓扑学可追溯到欧拉甚至莱布尼茨的年代，但其真正独立发展则是到了近代。从内容上看，拓扑学主要分为两部分，即点集拓扑和代数拓扑。其中，点集拓扑是基础，其很多概念在代数拓扑中也要用到，因此本书的内容侧重点集拓扑。

点集拓扑的一个动力来源于数学家推广“点”的概念，并最终导致了“距离空间”等概念的诞生，也因此本书先介绍距离空间。它直观背景较强，便于初学者掌握。数学家最终概括出的“拓扑空间”是更抽象的数学对象，它能够涵盖足够多的例子，为许多学科的进一步研究提供了基础。

本书在点集拓扑部分重点介绍了距离空间的概念、分离性质，拓扑空间的基本概念、连续映射、紧性、连通性等内容，这些都是点集拓扑基本和核心的内容。在最后一章本书介绍了同伦和基本群，这也是代数拓扑的入门知识。本讲义作为教材讲授了多个学期，如果每周三个学时，根据经验则一个学期可以讲完本书的全部内容。学生只要学过数学分析，了解实分析，知道一点抽象代数，完全可以理解本书中的内容。同时，为了便于广大教师的教学工作，本书专门配套了电子课件及试卷和解答，并给出了书中习题的解答与提示。凡选用本书30册以上作为教材的任课老师都可与我们联系，我们核实后会发给您相关资料。联系的电子信箱是buptzjh@163.com。

从表述上看，无论点集拓扑还是代数拓扑，都比较抽象，但其内容均有很强的直观背景。因此学习拓扑学，一定要从直观背景入手理解概念和定理，这也是为什么书中配了大量例子的原因。当然了，学习拓扑学需要严谨的思维和缜密的逻辑，因为不但要想得明白，还要能写得清楚，这就需要牢固掌握拓扑学的基本符号。

在本书的编写过程中，我们得到了中央民族大学理学院的大力支持，得到了中央民族大学出版社的热情帮助，在此表示感谢。限于作者水平，错漏之处请广大读者批评指正。

作　者

目 录

第 1 章

距离空间

1.1 距离空间的定义

距离空间这个概念是法国数学家 Frèchet 引入的。笼统来讲，距离空间主要推广了欧氏空间中两点之间的距离这个概念，使之能适用于更广泛的情形。因此，下面首先来看欧氏空间中距离的特点。

众所周知，通过取定点和建立坐标系，欧氏空间可以等同于$\mathbb{R}^n$。对于$\mathbb{R}^n$中的两个点 $x=(x_1, x_2, \cdots, x_n)$ 和 $y=(y_1, y_2, \cdots, y_n)$，它们的距离为

$$\mathrm{d}(x,y) = \left[\sum_{i=1}^{n}(x_i - y_i)^2\right]^{\frac{1}{2}} \tag{1-1}$$

可以验证上面的“距离”满足以下性质：

(1) $\mathrm{d}(x, y) = \mathrm{d}(y, x)$

(2) $\mathrm{d}(x, y) \geqslant 0$ 且 $\mathrm{d}(x, y) = 0 \Leftrightarrow x = y$

(3) $\mathrm{d}(x, y) \leqslant \mathrm{d}(x, z) + \mathrm{d}(z, y)$

下面来逐条解读。首先，第（1）条性质的含义是 x 到 y 的距离和 y 到 x 的距离相等，所以又称为“对称性”条件；其次，第（2）条性质是说 x 和 y 的距离总是非负的，且只有两个点重合时距离为零，因此该条件被称为“非负性”条件；第（3）条性质看上去比较复杂，其实也有直观含义，它是欧氏空间中“三角形两边之和大于第三边”的数学表示，也称为“三角不等式”。

当然，若只想保留以上三条性质，式（1-1）是完全不必要的。采用其他的形式，也能定义一种“距离”。比如说定义

$$\mathrm{d}(x,y) = \sum_{i=1}^{n}|x_i - y_i| \tag{1-2}$$

[例 1.1.1] 证明式 (1-2) 满足以上三条性质。

证明：首先

$$\mathrm{d}(x,y) = \sum_{i=1}^{n} |x_i - y_i| = \sum_{i=1}^{n} |y_i - x_i| = \mathrm{d}(y,x)$$

其次

$$\mathrm{d}(x,y) \geqslant 0; \mathrm{d}(x,y) = 0 \Leftrightarrow \forall 1 \leqslant i \leqslant n, x_i = y_i \Leftrightarrow x = y$$

最后根据 $\forall 1 \leqslant i \leqslant n$，$|x_i - y_i| \leqslant |x_i - z_i| + |z_i - y_i|$ 得到

$$\mathrm{d}(x,y) \leqslant \mathrm{d}(x,z) + \mathrm{d}(z,y)$$

上例仍然局限在 $\mathbb{R}^n$ 上，而这个背景也不必要，因为可以直接对"集合"进行操作。比如考虑以下集合

$$C([a,b]) := \{f \mid f\text{ 是 }[a,b]\text{ 上的连续函数}\}$$

对于 f，$g \in C([a, b])$ 定义"距离"

$$\mathrm{d}(f,g) = \max_{x \in [a,b]} |f(x) - g(x)| \tag{1-3}$$

[例 1.1.2] 证明式 (1-3) 满足"对称性""非负性"和"三角不等式"。

证明：利用

$$\forall x \in [a,b], |f(x) - g(x)| = |g(x) - f(x)|$$

即可证明"对称性"成立。至于"非负性"，注意到当 $\mathrm{d}(f,g) = 0$ 时意味着

$$\forall x \in [a,b],\ f(x) = g(x)$$

即 f 和 g 恒同。而"三角不等式"也成立，这是由于

$$\forall x \in [a,b], |f(x) - g(x)| \leqslant |f(x) - h(x)| + |h(x) - g(x)|$$

这说明在 $C([a,b])$ 上也可以像欧氏空间那样讨论"距离"的概念，而"距离空间"的概念正是上述内容的抽象表达。下面给出定义。

[定义 1.1.1] X 是一个集合，称二元函数 d: $X \times X \to \mathbb{R}_+$ 定义了 X 上的一个**距离**，如果它满足以下三条公理

(1) $\mathrm{d}(x,y) = \mathrm{d}(y,x)$

(2) $\mathrm{d}(x,y) \geqslant 0$，且 $\mathrm{d}(x,y) = 0 \Leftrightarrow x = y$

(3) $\mathrm{d}(x,y) \leqslant \mathrm{d}(x,z) + \mathrm{d}(z,y)$

定义了距离的集合称为**距离空间**，用符号（X，d）表示。在不引起混淆的情况下，有时省略距离符号 d。

$\mathbb{R}^n$ 上的式（1-1）定义的距离称为欧氏距离，为了特指该距离有时将其记为 d_e。更一般地，在 $\mathbb{R}^n$ 上可以定义距离

$$d_p(x,y) = \begin{cases} \left[\sum_{i=1}^{n} |x_i - y_i|^p \right]^{\frac{1}{p}}, & (1 \leqslant p < \infty) \\ \max_{1 \leqslant i \leqslant n} |x_i - y_i|, & p = \infty \end{cases} \tag{1-4}$$

[例 1.1.3]　证明（$\mathbb{R}^n$，d_p）是距离空间。

证明：当 $p=1$ 时，前面已经证过。下面讨论 $1<p<\infty$ 的情形，把 $p=\infty$ 的情形留给读者做练习。“对称性”和“非负性”都比较简单，这里略去，下面证明“三角不等式”。注意到

$\forall 1 \leqslant i \leqslant n, |x_i - y_i|^p \leqslant |x_i - y_i|^{p-1}|x_i - z_i| + |x_i - y_i|^{p-1}|z_i - y_i|$

两边求和并用 Hölder 不等式得到

$$\sum_{i=1}^{n} |x_i - y_i|^p \leqslant \left(\sum_{i=1}^{n} |x_i - y_i|^p \right)^{\frac{1}{q}} \left(\sum_{i=1}^{n} |x_i - z_i|^p \right)^{\frac{1}{p}} + \left(\sum_{i=1}^{n} |x_i - y_i|^p \right)^{\frac{1}{q}} \left(\sum_{i=1}^{n} |z_i - y_i|^p \right)^{\frac{1}{p}}$$

这里 $\frac{1}{p} + \frac{1}{q} = 1$，不等式两边约去公因子即得证。

可见，在同样的集合上能够定义不同的距离。上面提到的 $C([a,b])$ 还可以定义以下距离

$$d_1(f,g) = \int_a^b |f(x) - g(x)| \mathrm{d}x \tag{1-5}$$

甚至更一般的

$$d_p(f,g) = \left(\int_a^b |f(x) - g(x)|^p \mathrm{d}x \right)^{\frac{1}{p}}, 1 \leqslant p < \infty \tag{1-6}$$

习　题

习题 1.1.1　证明式（1-5）定义了 $C([a,b])$ 的一个距离。

习题 1.1.2　证明式（1-6）定义了 $C([a,b])$ 的一个距离。

习题 1.1.3 取 $1\leqslant p<\infty$ 定义

$$l^p:=\left\{x=(x_1,\cdots,x_n,\cdots)\,\middle|\,\sum_{i=1}^{\infty}|x_i|^p<\infty\right\}$$

令

$$d_p(x,y)=\left(\sum_{i=1}^{\infty}|x_i-y_i|^p\right)^{\frac{1}{p}}$$

求证它是 l^p 上的一个距离。

习题 1.1.4 X 是非空集合，定义

$$d(x,y)=\begin{cases}1, & x\neq y\\0, & x=y\end{cases}$$

验证它定义了 X 上的一个距离。

习题 1.1.5 定义

$$S=\{x=(x_1,x_2,\cdots,x_n,\cdots)\mid x_i\in\mathbb{R}\}$$

$\forall x$，$y\in S$ 定义

$$d(x,y)=\sum_{k=1}^{\infty}\frac{1}{2^k}\frac{|x_k-y_k|}{1+|x_k-y_k|}$$

证明它定义了 S 上的一个距离。

1.2 开集和闭集

本节主要讨论距离空间中的两个基本概念：开集和闭集。为此先给出以下定义。

定义 1.2.1 $(X,\ d)$ 是一个距离空间，$r>0$，记

$$B_r(x):=\{y\mid y\in X,\ d(y,x)<r\}$$

称为以 x 为中心 r 为半径的**开球**。

这里“开球”仅仅是一种直观的名称，并不意味着是真的“球形”。

[**例 1.2.1**] $(\mathbb{R}^2,\ d_e)$ 中的开球 $B_r(x)$ 是一个以 x 为中心的球形。$(\mathbb{R}^2,\ d_1)$ 开球 $B_r(x)$ 则是一个以 x 为中心的正方形，如图 1-1 所示。我们还可以画出 $(\mathbb{R}^2,\ d_p)$ 中单位开球的图像，如图 1-2 所示，为 $(\mathbb{R}^2,\ d_2)$ 单位开球的图像，$(\mathbb{R}^2,\ d_3)$ 单位开球的图像如图 1-3 所示。

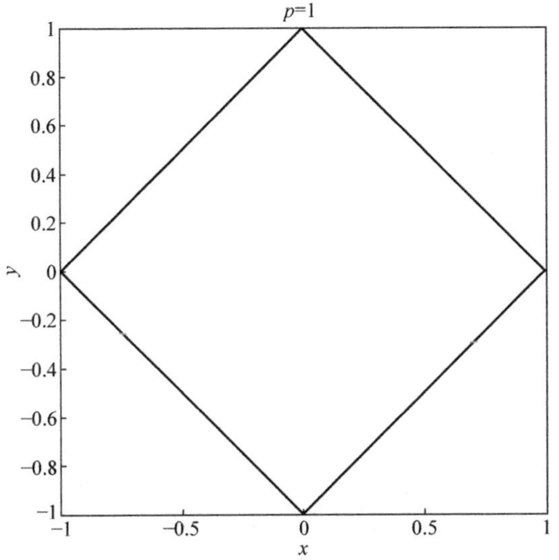

图 1-1　（$\mathbb{R}^2$, d_1）单位开球的图像

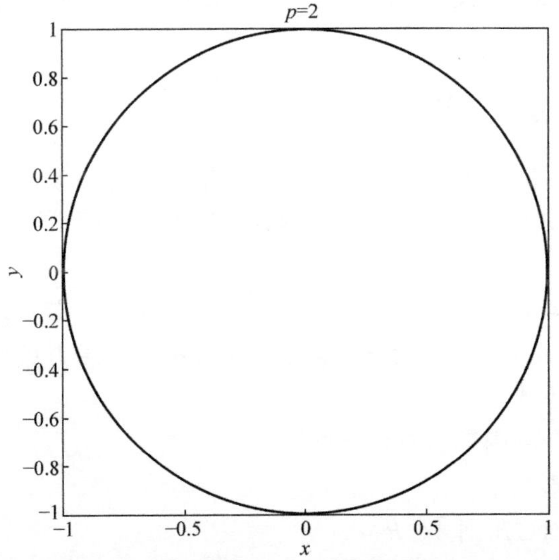

图 1-2　（$\mathbb{R}^2$, d_2）单位开球的图像

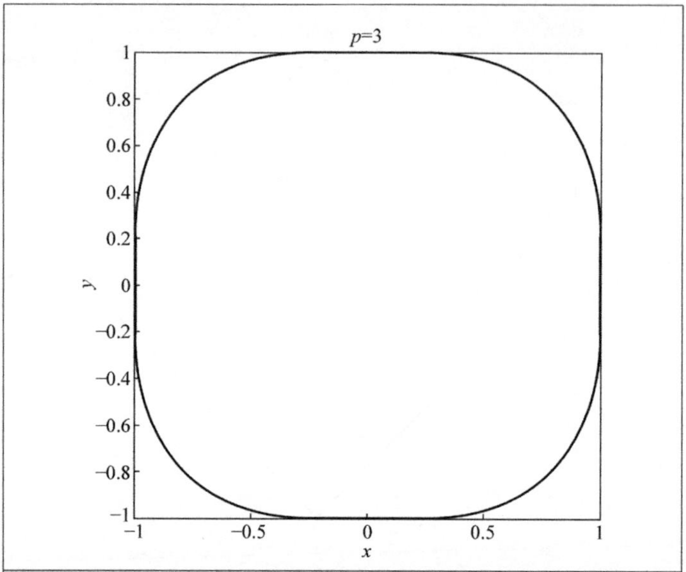

图 1-3 （$\mathbb{R}^2$，d_3）单位开球的图像

［**例 1.2.2**］ 设（X，d）是习题 1.1.4 的距离空间，则对于固定的 $x \in X$

$$B_r(x) = \begin{cases} \{x\}, & 0 < r \leqslant 1 \\ X, & r > 1 \end{cases}$$

对于一般的距离空间，很难画出其中开球的图像，但是将其想象成球形能帮助理解。对于本节的内容，这种直观能帮助领会相关的概念和定理。

定义 1.2.2 X 是一个距离空间，$x \in A \subset X$，若存在 $r > 0$ 使得 $B_r(x) \subset A$，则称 x 为 A 的一个**内点**。A 的所有内点形成的集合称为 A 的**内部**，记为 $\mathring{A}$。

关于集合的内部，有如下性质。

性质 1.2.1

（1）若 $A \subset B$ 则 $\mathring{A} \subset \mathring{B}$

（2）$\mathring{A} \cup \mathring{B} \subset (A \overset{\circ}{\cup} B)$，$(A \overset{\circ}{\cap} B) = \mathring{A} \cap \mathring{B}$

证明：（1）$\forall x \in \mathring{A}$，$\exists$ 开球 $B_r(x) \subset A$，又 $A \subset B$，则 $B_r(x) \subset B$，

即 $x\in\mathring{B}$。

（2）注意到 $A\subset A\cup B$，$B\subset A\cup B$，由刚证明的性质（1）得到

$$\left.\begin{array}{l}\mathring{A}\subset\mathring{(A\cup B)}\\ \mathring{B}\subset\mathring{(A\cup B)}\end{array}\right\}\Rightarrow\mathring{A}\cup\mathring{B}\subset\mathring{(A\cup B)}$$

至于第 2 个等式，由 $A\cap B\subset A$，$A\cap B\subset B$ 和性质（1）得到

$$\mathring{(A\cap B)}\subset\mathring{A},\mathring{(A\cap B)}\subset\mathring{B}$$

从而

$$\mathring{(A\cap B)}\subset\mathring{A}\cap\mathring{B}$$

任取 $x\in\mathring{A}\cap\mathring{B}$，则由内部的定义知道存在 r_1，$r_2>0$ 满足 $\mathrm{B}_{r_1}(x)\subset A$，$\mathrm{B}_{r_2}(x)\subset B$，只需取 $r=\min\{r_1, r_2\}$，则 $\mathrm{B}_r(x)\subset A\cap B$。因此 $\mathring{A}\cap\mathring{B}\subset\mathring{(A\cap B)}$。

$\mathring{A}\cup\mathring{B}\subset\mathring{(A\cup B)}$ 中的包含关系可以是真包含。在图 1-4 中 $\mathring{A}\cup\mathring{B}$ 不包含中间黑直线部分，而图 1-5 的 $\mathring{(A\cup B)}$ 包含黑色直线部分。

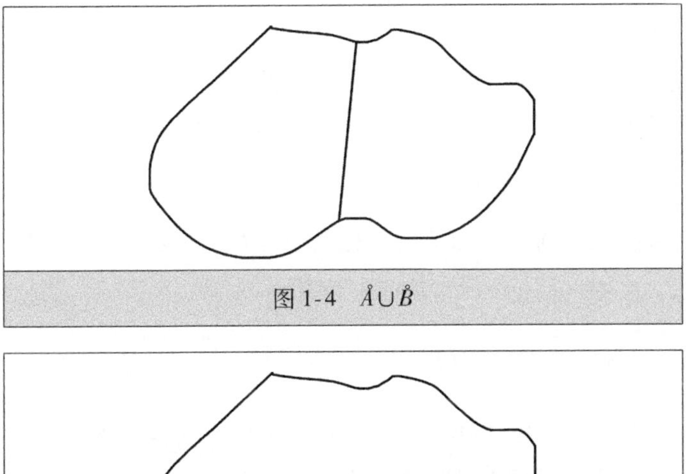

图 1-4　$\mathring{A}\cup\mathring{B}$

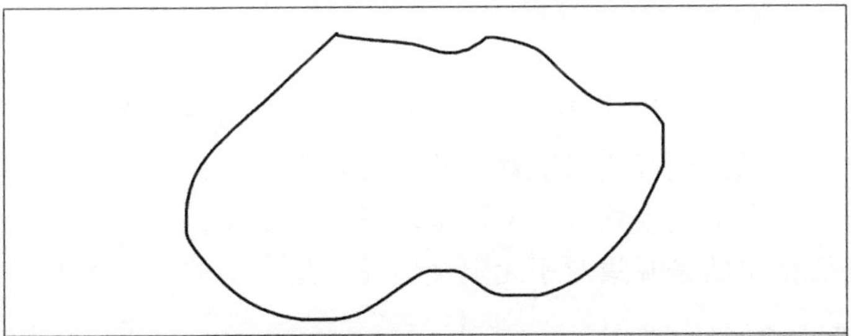

图 1-5　$\mathring{(A\cup B)}$

定义 1.2.3　若集合 A 中的每个点都是内点，即 $A=\mathring{A}$，则称 A 是

开集。

根据定义全空间 X 是开集。我们规定空集 $\varnothing$ 是开集。

[例 1.2.3] 设 $A\subset(X, \mathrm{d})$，求证 $\mathring{A}$ 是开集。

证明：当 $\mathring{A}=\varnothing$ 时，结论显然成立。

当 $\mathring{A}=\varnothing$ 时任取 $x\in\mathring{A}$，即 x 是 A 的内点，因此 $\exists r>0$，$\mathrm{B}_r(x)\subset A$。以下证明。

$$\mathrm{B}_r(x)\subset\mathring{A}$$

事实上 $\forall y\in\mathrm{B}_r(x)$ 取 $0<r_y<r-\mathrm{d}(x, y)$，则由三角不等式

$$\mathrm{d}(z,x)\leqslant\mathrm{d}(z,y)+\mathrm{d}(y,x)$$

知

$$\mathrm{B}_{r_y}(y)\subset\mathrm{B}_r(x)\subset A$$

从而 $y\in\mathring{A}$，证毕。

性质 1.2.2 $\forall U\subset A$，U 为开集，则 $U\subset\mathring{A}$。

证明：若 $U\subset A$ 为开集，则 $\forall x\in U$，$\exists r>0$，$\mathrm{B}_r(x)\subset U\subset A$，即它是 A 的内点，于是 $U\subset\mathring{A}$。

以上命题说明 $\mathring{A}$ 是包含于 A 的最大开集。

性质 1.2.3 （1）U_λ（$\lambda\in\Lambda$）是开集，则 $\bigcup\limits_{\lambda\in\Lambda}U_\lambda$ 是开集。（2）U_i（$1\leqslant i\leqslant n$）是开集，则 $\bigcap\limits_{i=1}^{n}U_i$ 是开集。

证明：（1）$\forall x\in\bigcup\limits_{\lambda\in\Lambda}U_\lambda$，$\exists\lambda_0$，$x\in U_{\lambda_0}$，又 U_{λ_0} 是开集，$\exists r>0$，$\mathrm{B}_r(x)\subset U_{\lambda_0}\subset\bigcup\limits_{\lambda\in\Lambda}U_\lambda$，从而 x 是其内点。

（2）$\forall x\in\bigcap\limits_{i=1}^{n}U_i$ 则 $\forall 1\leqslant i\leqslant n$，$x\in U_i$，又 U_i 是开集，$\exists r_i>0$，$\mathrm{B}_{r_i}(x)\subset U_i$，取 $r=\min\limits_{1\leqslant i\leqslant n}\{r_i\}$，则 $\mathrm{B}_r(x)\subset\bigcap\limits_{i=1}^{n}U_i$，证毕。

这个命题说明开集对取并运算和有限交运算封闭。这是开集的本质性质。正是从这个角度，可以推广开集的定义。

需要指出的是开集对于无限交运算不是封闭的，如例 1.2.4。

[例 1.2.4] 令 $U_i=\left(-\dfrac{1}{i},\dfrac{1}{i}\right)$，$i\geqslant1$，则 $\bigcap\limits_{i=1}^{\infty}U_i=\{0\}$，不是开集。事实上 $\forall x\in\bigcap\limits_{i=1}^{\infty}U_i$ 则必有

$$\forall i \geqslant 1, \ |x| < \frac{1}{i}$$

因此 $x = 0$。

与内点相对应，有外点的概念。

定义 1.2.4 若存 $r > 0$ 使得 $B_r(x) \cap A = \varnothing$（或 $B_r(x) \subset A^c$），则称 x 为 A 的一个**外点**。

若点 x 既不是 A 的内点，也不是 A 的外点，则称之为 A 的**边界点**。换言之，若 $\forall r > 0$，$B_r(x) \cap A \neq \varnothing$，$B_r(x) \cap A^c \neq \varnothing$，则 x 是 A 的边界点。

所有边界点形成的集合称为 A 的**边界**，记为 ∂A。需要注意的是，∂A 的点未必是 A 的点。

[例 1.2.5] $A \subset \mathbb{R}^2$ 是单位开圆盘，即

$$A = \{(x,y) \mid x^2 + y^2 < 1\}$$

则

$$\partial A = \{(x,y) \mid x^2 + y^2 = 1\}$$

而

$$\partial A \cap A = \varnothing$$

下面讨论闭集的性质。在此之前，先引入序列极限的概念。序列极限是数学分析中数列极限这一概念在距离空间中的推广。

定义 1.2.5 设 $\{x_n\} \subset (X, d)$，若 $\lim\limits_{n \to \infty} d(x_n, x) \to 0$ 则称 $\{x_n\}$ 的极限是 x，记为 $\lim\limits_{n \to \infty} x_n = x$ 或 $x_n \to x$（$n \to \infty$）。

[例 1.2.6] 设 $\{x_n\}$ 在距离空间 X 中有极限，证明其极限是唯一的。

证明：由三角不等式

$$d(x,y) \leqslant d(x,x_n) + d(y,x_n)$$

知道，若 $\lim\limits_{n \to \infty} x_n = x$，$\lim\limits_{n \to \infty} x_n = y$，则必有 $x = y$。

[例 1.2.7] $(\mathbb{R}^n, d_p)$（$1 \leqslant p \leqslant \infty$）中的序列收敛与按坐标收敛等价，即

$$\lim_{m \to \infty} d_p(x_m, x) = 0 \Leftrightarrow \forall 1 \leqslant i \leqslant n, \ \lim_{m \to \infty} |x_m^i - x^i| = 0$$

事实上，只要注意到

$$\forall 1 \leqslant i \leqslant n,\ |x_m^i - x^i| \leqslant d_p(x_m, x) \leqslant d_1(x_m, x)$$

则结论是显然的。

[例 1.2.8] 当 $C([a,b])$ 以等式（1-3）赋予距离，则

$$\lim_{n\to\infty} d(f_n, f) = 0 \Leftrightarrow f_n \text{ 一致收敛于 } f。$$

定义 1.2.6 设 $A \subset X$，若存在序列 $\{x_n\} \subset A$ 且 $x_n \neq x_m$ $(n \neq m)$ 使得 $\lim_{n\to\infty} x_n = x$，则称 x 是 A 的一个**聚点**。

性质 1.2.4 x 是 A 的聚点 $\Leftrightarrow \forall r > 0$，$B_r(x) \cap A \setminus \{x\} \neq \varnothing$。

证明： $\Rightarrow \forall r > 0$，$\exists N$，$n > N$ 时 $d(x_n, x) < r$，也就是说

$$x_n \in B_r(x),\ B_r(x) \cap A \setminus \{x\} \neq \varnothing。$$

$\Leftarrow$ 令 $r = \dfrac{1}{n}$，则 $\exists x_n \in B_r(x) \cap A \setminus \{x\}$，从而 $d(x_n, x) < \dfrac{1}{n} \to 0$ $(n \to \infty)$。为了使得 x_n 两两不同，要求

$$d(x_{n+1}, x) < \min\left\{d(x_n, x), \frac{1}{n+1}\right\}, n \geqslant 1$$

定义 1.2.7 A 的聚点构成的集合称为 A 的**导集**，记为 A'。记 $\overline{A} = A' \cup A$，称为 A 的**闭包**。若 $A' \subset A$（或 $\overline{A} = A$）则称 A 是**闭集**。

闭集包含了其自身所有的聚点，因而对极限运算是封闭的。更精确的描述是下面的命题。

性质 1.2.5 A 是闭集 $\Leftrightarrow \{x_n\} \subset A$，$x_n \to x \in X$ $(n \to \infty)$ 蕴含 $x \in A$。

证明： $\Rightarrow$ 设 $\{x_n\} \subset A$，$x_n \to x$ $(n \to \infty)$。若 $\exists x_{n_0} = x$ 则结论显然，否则 $\{x_n\} \subset A \setminus \{x\}$，容易发现可以取得 $\{x_n\}$ 两两不同，于是 x 是 A 的聚点，从而 $x \in A' \subset A$。

$\Leftarrow$ 若 x 是 A 的聚点，则有 $\exists \{x_n\} \subset A \setminus \{x\}$，$x_n \to x$，$x \in A$ 从而 $A' \subset A$，证毕。

定义 1.2.8 若 $x \in A$ 但不是 A 的聚点，则称之为 A 的**孤立点**。

显然 x 是 A 的孤立点等价于 $\exists r > 0$，$B_r(x) \cap A = \{x\}$。

性质 1.2.6 $x \in \overline{A} \Leftrightarrow \forall r > 0$，$B_r(x) \cap A \neq \varnothing$。

证明： $\Rightarrow$ 若 $x \in A$ 则结论显然，否则 $x \in A'$，由性质 1.2.4 可知结论成立。

$\Leftarrow$ 若 $x \in A$ 则显然，否则意味着 $x \in A' \subset \overline{A}$，证毕。

性质 1.2.7　$\overline{A}^c = \mathring{A^c}$，即一个集合的闭包的补集等于其补集的内部。

证明：

$$x \in \overline{A}^c \Leftrightarrow x \notin \overline{A} \Leftrightarrow \exists B_r(x), B_r(x) \cap A = \varnothing$$
$$\Leftrightarrow x \in B_r(x) \subset A^c$$
$$\Leftrightarrow x \in \mathring{A^c}$$

这里的第 2 个等价符号用到了性质 1.2.6。

由该命题可以得到开集和闭集之间的关系。

性质 1.2.8　A 是闭集等价于 A^c 是开集。

证明：$A = \overline{A} \Leftrightarrow A^c = \overline{A}^c \Leftrightarrow A^c = \mathring{A^c} \Leftrightarrow A^c$ 是开集。

性质 1.2.9　（1）$E_\lambda(\lambda \in \Lambda)$ 是闭集，则 $\bigcap\limits_{\lambda \in \Lambda} E_\lambda$ 是闭集。

（2）E_i（$1 \leqslant i \leqslant n$）是闭集，则 $\bigcup\limits_{i=1}^{n} E_i$ 是闭集。

证明：（1）根据性质 1.2.8 只需要证明 $(\bigcap\limits_{\lambda \in \Lambda} E_\lambda)^c$ 是开集。由 De Morgan 公式

$$(\bigcap_{\lambda \in \Lambda} E_\lambda)^c = \bigcup_{\lambda \in \Lambda} E_\lambda^c$$

由 E_λ 是闭集知 E_λ^c 是开集，根据开集性质 1.2.3 可知 $(\bigcap\limits_{\lambda \in \Lambda} E_\lambda)^c$ 是开集。

（2）根据性质 1.2.8 只需要证明 $(\bigcup\limits_{i=1}^{n} E_i)^c$ 是开集。由 De Morgan 公式

$$(\bigcup_{i=1}^{n} E_i)^c = \bigcap_{i=1}^{n} E_i^c$$

由 E_i 是闭集知 E_i^c 是开集，根据开集性质 1.2.3 可知 $\bigcap\limits_{i=1}^{n} E_i^c$ 是开集。

性质 1.2.10　（1）$A \subset B \Rightarrow \overline{A} \subset \overline{B}$；（2）$A \subset E$，$E$ 为闭集，则 $\overline{A} \subset E$；（3）$\overline{A \cap B} \subset \overline{A} \cap \overline{B}$，$\overline{(A \cup B)} = \overline{A} \cup \overline{B}$。

证明：（1）为了利用性质 1.2.7 考虑补集

$$A \subset B \Rightarrow B^c \subset A^c$$
$$\Rightarrow (\mathring{B^c}) \subset (\mathring{A^c})$$
$$\Rightarrow (\overline{B})^c \subset \overline{A}^c$$
$$\Rightarrow \overline{A} \subset \overline{B}$$

（2）由（1）知道 $A\subset E\Rightarrow\overline{A}\subset\overline{E}\Rightarrow\overline{A}\subset E$，其中第 2 个箭头用到了 E 为闭集，则 $\overline{E}=E$。

（3）由性质（1）得到

$$\overline{A\cap B}\subset\overline{A},\ \overline{A\cap B}\subset\overline{B}$$

从而

$$\overline{A\cap B}\subset\overline{A}\cap\overline{B}$$

$$\overline{(A\cup B)}=\overline{A}\cup\overline{B}\Leftrightarrow\overline{(A\cup B)}^{c}=(\overline{A}\cup\overline{B})^{c}$$
$$\Leftrightarrow(A^{c}\mathring{\cap}B^{c})=(\mathring{A}^{c})\cap(\mathring{B}^{c})$$

最后一个等价符号用到了性质 1.2.1。

习　题

习题 1.2.1　证明 De Morgan 公式：对任何的集族 U_λ（$\lambda\in\Lambda$）以下公式成立

$$\left[\bigcup_{\lambda\in\Lambda}U_\lambda\right]^{c}=\bigcap_{\lambda\in\Lambda}U_\lambda^{c}$$

$$\left[\bigcap_{\lambda\in\Lambda}U_\lambda\right]^{c}=\bigcup_{\lambda\in\Lambda}U_\lambda^{c}$$

习题 1.2.2　X 是距离空间，$r>0$，记

$$B[x,r]:=\{y\mid \mathrm{d}(x,y)\leqslant r\}$$

证明 $B[x,r]$ 是闭集。

习题 1.2.3　举例说明

$$B[x,r]=\overline{\mathrm{B}}_r(x)$$

不总是成立。这里 $\overline{\mathrm{B}}_r(x)$ 指的是集合 $\mathrm{B}_r(x)$ 的闭包。

习题 1.2.4　A，B 是距离空间 X 的子集，A 是开集。证明

$$A\cap\overline{B}\subset\overline{A\cap B}$$

1.3　距离空间中的子集

A 是距离空间（X，d）的一个子集，则 $\forall x, y\in A$ 可定义 $\mathrm{d}_A(x,y)=\mathrm{d}(x,y)$。显然这是 A 上的一个距离，称为 d 在 A 上的**诱导距离**。

$B\subset A\subset X$，若 B 在（A，d_A）中是开集，则称 B 是 A **中的开集**。

若 $A\setminus B$ 是 A 中开集，则称 B 为 A 中的**闭集**。

根据性质 1.2.5 可以得到：

性质 1.3.1 B 是 A 中闭集$\Leftrightarrow \{x_n\}\subset B$，$x\in A$，$d_A(x_n,x)\to 0$ $(n\to\infty)$蕴含 $x\in B$。

性质 1.3.2 若 A 是 X 中的闭集，B 是 A 中的闭集，则它也是 X 中的闭集。

证明：设 $\{x_n\}\subset B$，$x\in X$ 满足

$$d(x_n,x)\to 0(n\to\infty)$$

由 A 是闭集和性质 1.2.5 知道 $x\in A$，从而

$$d_A(x_n,x)\to 0(n\to\infty),x\in A$$

由 B 是 A 中的闭集和性质 1.3.1 得到 $x\in B$。再根据性质 1.2.5 知道 B 是 X 中的闭集，证毕。

(X, d_1)，(Y, d_2) 是两个距离空间，则在笛卡尔积 $X\times Y$ 上可以定义

$$d((x_1,y_1),(x_2,y_2)) = d_1(x_1,x_2) + d_2(y_1,y_2)$$

容易验证 d 定义了 $X\times Y$ 上的距离，称为 $X\times Y$ 上的**乘积距离**，此时 $X\times Y$ 称为**乘积距离空间**。

习　题

习题 1.3.1 $\mathbb{Z}\subset\mathbb{R}$，给出$\mathbb{Z}$由$\mathbb{R}$诱导的距离。

习题 1.3.2 $S^1\subset\mathbb{R}^2$赋予诱导距离，写出 S^1 上的点 (1, 0)，(0, 1) 之间的距离。这里

$$S^1 = \{(x,y)\mid x^2 + y^2 = 1\}$$

习题 1.3.3 $\mathbb{R}$ 上赋予欧氏距离，写出$\mathbb{R}\times\mathbb{R}$ 的乘积距离。

习题 1.3.4 $\mathbb{R}^n$，$\mathbb{R}$ 上赋予欧氏距离，写出$\mathbb{R}^n\times\mathbb{R}$ 的乘积距离。

1.4 分离性质

仿照数学分析中连续函数的定义，可以定义距离空间中的连续函数。

定义 1.4.1 (X, d) 是距离空间。$f: X\to\mathbb{R}$，对于 $x\in X$，若 $\forall\epsilon>0$，$\exists\delta_\epsilon>0$ 只要 $d(y,x)<\delta_\epsilon$ 则 $|f(y)-f(x)|<\epsilon$，那么称函数 f

在 x 处连续。若 f 在任何一点连续，则称之为 X 上的**连续函数**。

显然 f 在 x 处连续当且仅当 $\forall x_n \to x$（$n\to\infty$）必有 $f(x_n)\to f(x)$（$n\to\infty$）。

[例 1.4.1] $C([a,b])$ 以式（1-3）定义距离，固定 $x_0\in[a,b]$，定义映射

$$\tau_{x_0}(f)=f(x_0)$$

即将 f 映射到它在 x_0 点的值，显然

$$|\tau_{x_0}(f)-\tau_{x_0}(g)|\leqslant \mathrm{d}(f,g)$$

τ_{x_0} 是 $C([a,b])$ 上的连续函数。

[例 1.4.2] $C([0,1])$ 以式（1-5）定义距离，定义映射 $\tau(f)=f(1)$，即将 f 映射到它在 1 点的值，则它不是连续函数。

证明：只需要找到一个函数 f 说明 τ 在 f 处不连续。取

$$f_n(x)=x^n,\ f\equiv 0$$

则

$$\lim_{n\to\infty}\mathrm{d}(f_n,f)=\lim_{n\to\infty}\int_0^1 x^n\mathrm{d}x=\lim_{n\to\infty}\frac{1}{n+1}=0$$

但是

$$\tau(f_n)\equiv 1\not\to \tau_{x_0}(f)=0$$

定理 1.4.1 （X，d）是距离空间，f：$X\to\mathbb{R}$ 连续当且仅当 $\forall U\subset\mathbb{R}$ 为开集时 $f^{-1}(U)$ 为开集。

证明：设 $U\subset\mathbb{R}$ 为开集，任取 $x\in f^{-1}(U)$，$f(x)\in U$ 则存在 ϵ 使得 $[f(x)-\epsilon,\ f(x)+\epsilon]\subset U$。由于 f 在 x 处连续，则存在 δ 使得 $\forall y\in B_\delta(x)$，$|f(y)-f(x)|<\epsilon$，从而 $B_\delta(x)\subset f^{-1}(U)$。

$\Leftarrow \forall a<b$，$f^{-1}((a,\ b))$ 是开集。$\forall\epsilon>0$，取

$$a=f(x)-\epsilon,\ b=f(x)+\epsilon$$

则 $E_\epsilon:=\{y\mid f(x)-\epsilon<f(y)<f(x)+\epsilon\}$ 是开集，从而存在 δ_x，$\mathrm{B}_{\delta_x}(x)\subset E_\epsilon$，即当 $\mathrm{d}(y,x)<\delta_x$ 时，有 $f(x)-\epsilon<f(y)<f(x)+\epsilon$。

推论 1.4.1 （X，d）是距离空间，f：$X\to\mathbb{R}$ 连续当且仅当 $\forall E\subset\mathbb{R}$ 为闭集 $f^{-1}(E)$ 为闭集。

证明：根据定理 1.4.1f：$X\to\mathbb{R}$ 连续当且仅当 $\forall U\subset\mathbb{R}$ 为开集时，$f^{-1}(U)$ 为开集。这等价于 U^c 为闭集时 $f^{-1}(U)^c$ 为闭集。注意到

$f^{-1}(U)^c = f^{-1}(U^c)$，从而等价于 U^c 为闭集时 $f^{-1}(U^c)$ 为闭集，证毕。

定义 1.4.2 A 是 X 的非空子集，给定 $x \in X$ 定义 $\mathrm{d}(x,A) := \inf\{\mathrm{d}(x,y) \mid y \in A\}$，称为 x 到 A 的距离。

[例 1.4.3] $\mathbb{Q} \subset \mathbb{R}$，则 $\forall x$ 为无理数 $\mathrm{d}(x,\mathbb{Q}) = 0$。

[例 1.4.4] 取 $A = [0, 1]$ 则

$$\mathrm{d}(x,A) = \begin{cases} -x, & x \leqslant 0 \\ 0, & 0 \leqslant x \leqslant 1 \\ x - 1, & x \geqslant 1 \end{cases}$$

[例 1.4.5] 取 $A = \{(x,y) \mid x^2 + y^2 = 1\} \subset \mathbb{R}^2$ 则

$$\mathrm{d}(X,A) = \begin{cases} 1 - \sqrt{x^2 + y^2}, & x^2 + y^2 < 1 \\ 0, & x^2 + y^2 = 1 \\ \sqrt{x^2 + y^2} - 1, & x^2 + y^2 > 1 \end{cases}$$

这里 $X = (x,y)$。

性质 1.4.1 A 是一个闭集，则 $x \in A \Leftrightarrow \mathrm{d}(x,A) = 0$。

证明：必要性显然。下面证明充分性：若 $\mathrm{d}(x,A) = 0$，则由定义知道 $\exists \{x_n\} \subset A$ 满足 $x_n \to x$，根据性质 1.2.5 知 $x \in A$。

推论 1.4.2 若 A 是闭集，$x \notin A$ 则 $\mathrm{d}(x,A) > 0$。

引理 1.4.1 A 是距离空间 X 的非空子集，则 $f(x) = \mathrm{d}(x,A)$ 是连续函数。

证明：$\forall z \in A$，由三角不等式得

$$\mathrm{d}(x,z) \leqslant \mathrm{d}(y,z) + \mathrm{d}(x,y)$$

根据 $f(x)$ 的定义得

$$\forall z \in A,\ f(x) \leqslant \mathrm{d}(y,z) + \mathrm{d}(x,y)$$

因此

$$f(x) \leqslant f(y) + \mathrm{d}(x,y)$$

同理可知

$$f(y) \leqslant f(x) + \mathrm{d}(x,y)$$

从而

$$|f(x) - f(y)| \leqslant \mathrm{d}(x,y)$$

于是 f 是连续函数。

这个引理说明，根据给定的集合，利用距离函数能构造出连续函数。这种方法在下面引理的证明中起重要作用。

引理 1.4.2 A，B 是距离空间 X 中的非空闭集且 $A\cap B=\varnothing$ 则存在连续函数 f：$X\to\mathbb{R}$ 满足 $\sup\limits_{x\in X}|f(x)|\leqslant 1$ 且

$$\forall x\in A,\ f(x)=-1;\forall x\in B,\ f(x)=1$$

证明：当 $\mathrm{d}(x,A)=0$ 时，由 A 是闭集知 $x\in A$，又 $A\cap B=\varnothing$，则 $x\notin B$，又 B 是闭集，根据推论 1.4.2 有 $\mathrm{d}(x,B)>0$，因此 $\mathrm{d}(x,A)+\mathrm{d}(x,B)>0$；当 $\mathrm{d}(x,A)>0$ 时显然 $\mathrm{d}(x,A)+\mathrm{d}(x,B)>0$，所以

$$\forall x\in X,\mathrm{d}(x,A)+\mathrm{d}(x,B)>0$$

定义函数

$$f(x)=\frac{\mathrm{d}(x,A)-\mathrm{d}(x,B)}{\mathrm{d}(x,A)+\mathrm{d}(x,B)}$$

由引理 1.4.1 知 f 是连续函数。直接验证知 $\forall x\in A$，$f(x)=-1$；$\forall x\in B$，$f(x)=1$。

［**例 1.4.6**］ 取 $A=[0,1]$，$B=[2,3]$ 则根据引理 1.4.2 的证明过程可以写出具体的构造函数

$$f(x)=\begin{cases}\dfrac{1}{x-1}, & x<0\\ -1, & 0\leqslant x\leqslant 1\\ 2x-3, & 1<x<2\\ 1, & 2\leqslant x\leqslant 3\\ \dfrac{1}{x-2}, & x>3\end{cases}$$

定理 1.4.2 A，B 是 X 中的闭集且 $A\cap B=\varnothing$ 则存在开集 $U\cap V=\varnothing$ 满足 $A\subset U$，$B\subset V$。

证明：设 f 是引理 1.4.2 中的函数，令

$$U=f^{-1}((-\infty,0)),V=f^{-1}\left(\left(\frac{1}{2},\infty\right)\right)$$

则 U，V 都是开集，且

$$U\cap V=\varnothing,\ A\subset U,\ B\subset V$$

定理 1.4.3　A 是距离空间 X 的闭子集，f：$A\to\mathbb{R}$ 是连续函数，则存在函数 $\widetilde{f}$：$X\to\mathbb{R}$ 满足

$$\forall x\in A, \widetilde{f}(x)=f(x)$$

当 f 有界时还有

$$\sup_{x\in X}|\widetilde{f}(x)|=\sup_{x\in A}|f(x)|$$

这里的 $\widetilde{f}$ 称为 f 的一个扩张函数。

证明：首先设 $M:=\sup\limits_{x\in A}|f(x)|<+\infty$，记

$$A_1:=f^{-1}\left(\left(-\infty,-\frac{M}{3}\right]\right), B_1:=f^{-1}\left(\left[\frac{M}{3},+\infty\right)\right)$$

因为 f 是 A 上的连续函数，所以 A_1，B_1 是 A 中的闭集，又因为 A 是 X 中的闭集，由性质 1.3.2 知 A_1，B_1 是 X 中的闭集，根据引理 1.4.2 知存在函数 ϕ_1：$X\to\mathbb{R}$ 满足

$$\sup_{x\in X}|\phi_1(x)|\leqslant\frac{1}{3}M; \forall x\in A_1, \phi_1(x)=-\frac{M}{3}; \forall x\in B_1, \phi_1(x)=\frac{M}{3}$$

考察 $f_1=f-\phi_1$，则

$$\begin{cases}-\dfrac{2}{3}M\leqslant f_1(x)\leqslant 0, & x\in A_1\\[2ex] 0\leqslant f_1(x)\leqslant\dfrac{2}{3}M, & x\in B_1\\[2ex] -\dfrac{2}{3}M\leqslant f_1(x)\leqslant\dfrac{2}{3}M, & x\in A\setminus(A_1\cup B_1)\end{cases}$$

总之有

$$\sup_{x\in A}|f_1(x)|\leqslant\frac{2}{3}M$$

考察

$$A_2:=f_1^{-1}\left(\left(-\infty,-\frac{2}{9}M\right]\right), B_2:=f_1^{-1}\left(\left[\frac{2}{9}M,+\infty\right)\right)$$

同理可知存在 ϕ_2：$X\to\mathbb{R}$ 满足

$$\sup_{x\in X}|\phi_1(x)|\leqslant\frac{1}{3}\times\frac{2}{3}M; \forall x\in A_2, \phi_1(x)=-\frac{2}{9}M;$$

$$\forall x\in B_2, \phi_1(x)=\frac{2}{9}M$$

记 $f_2 = f_1 - \phi_2$ 则

$$\sup_{x \in A} |f_2(x)| \leqslant \left(\frac{2}{3}\right)^2 M$$

重复以上操作，得到函数列 ϕ_n 满足以下条件

(1) $\forall x \in X$，$|\phi_n(x)| \leqslant \frac{1}{3} \times \left(\frac{2}{3}\right)^{n-1} M$

(2) $\forall x \in A$，$|f(x) - \phi_1(x) - \phi_2(x) - \cdots - \phi_n(x)| \leqslant \left(\frac{2}{3}\right)^n M$

记

$$\widetilde{f}(x) = \sum_{k=1}^{\infty} \phi_k(x) = \lim_{n \to \infty} \sum_{k=1}^{n} \phi_k(x)$$

由优级数判别法知函数项级数 $\sum\limits_{n=1}^{\infty} \phi_n(x)$ 一致收敛，从而 $\widetilde{f}$ 连续。根据

$$\forall x \in A, |f(x) - \widetilde{f}(x)| = \lim_{n \to \infty} \left| f(x) - \sum_{k=1}^{n} \phi_k(x) \right| \leqslant \lim_{n \to \infty} \left(\frac{2}{3}\right)^n M = 0$$

得到 $\widetilde{f}(x) = f(x), x \in A$。而且

$$\forall x \in X, |\widetilde{f}(x)| \leqslant \sum_{n=1}^{\infty} \frac{1}{3} \times \left(\frac{2}{3}\right)^{n-1} M = M$$

当 $M = +\infty$ 时，考察复合函数 $\arctan f$，则由刚证明的结论知道存在 f' 满足

$$\forall x \in A, f'(x) = \arctan f(x); \sup_{x \in X} |f'(x)| \leqslant \sup_{x \in A} |\arctan f(x)|$$

于是令 $\widetilde{f}(x) = \tan f'(x)$ 即可。

习　题

习题 1.4.1 $C([a,b])$ 以式 (1-3) 定义距离，证明如下函数

$$f(x) = \int_a^b |x(t)| \mathrm{d}t$$

是连续函数。

习题 1.4.2 $A = [0,1] \cup [2,3] \subset \mathbb{R}$，定义 A 上的函数

$$f(x)=\begin{cases}1, & x\in[0,1]\\ -1, & x\in[2,3]\end{cases}$$

写出 f 在 $\mathbb{R}$ 上的一个扩张 $\widetilde{f}$ 使得 $\sup\limits_{x\in\mathbb{R}}|\widetilde{f}(x)|=\sup\limits_{x\in A}|f(x)|$。

1.5　完备性和列紧性

定义 1.5.1　$\{x_n\}$ 是距离空间 X 的一个序列，如果 $\forall\epsilon>0,\exists N>0$，只要 $n,m>N$ 则 $\mathrm{d}(x_n,x_m)\leqslant\epsilon$，那么称 $\{x_n\}$ 是 X 中的一个**柯西序列**。如果 X 中的任何柯西序列都存在极限，则称 X 是**完备的**。

[例 1.5.1]　$\mathbb{R}^n$ 是完备的距离空间。$\mathbb{Q}$ 在欧氏距离下不是完备的，因为序列 $\left\{\left(1+\dfrac{1}{n}\right)^n\right\}$ 是柯西序列，但其极限是自然底数，它不属于 $\mathbb{Q}$。

X 是一个距离空间，如果对任何的 $\{x_n\}\subset X$ 都存在子列 $x_{n_k}\to x\in X$ $(k\to\infty)$，则称 X 是**列紧**的距离空间，例如有界闭区间是列紧的。

[例 1.5.2]　$C([0,1])$ 上以式（1-3）定义距离，则它不是列紧的距离空间。

证明：取函数列

$$f_n(x)=x^n,\ x\in[0,1]$$

则它没有收敛子列。显然，它若有收敛子列，则该子列极限只能是零函数，而又知道 $f_n\nRightarrow 0$。

定理 1.5.1　X 是列紧的距离空间，f：$X\to\mathbb{R}$ 是连续函数，则存在 x_0，x_1 满足

$$f(x_0)=\min_{x\in X}f(x),\ f(x_1)=\max_{x\in X}f(x)$$

证明：首先 $\sup\limits_{x\in X}|f(x)|<+\infty$，否则存在序列 $\{x_n\}\subset X$ 满足

$$|f(x_n)|\to+\infty\ (n\to+\infty)$$

X 是列紧的，因此 $\{x_n\}$ 存在子列 $x_{n_k}\to x\in X(k\to+\infty)$，又 f 是连续函数，因此

$$f(x_{n_k})\to f(x)\ (k\to+\infty)$$

这与 $|f(x_{n_k})|\to+\infty$ 矛盾。

若记

$$m=\inf_{x\in X}f(x),M=\sup_{x\in X}f(x)$$

则

$$-\infty<m\leqslant M<+\infty$$

由下确界的定义，存在$\{x_n\}$使得$f(x_n)\to m(n\to\infty)$，再由 X 的列紧性，存在 $x_{n_k}\to x_0(k\to+\infty)$，从而

$$m=\lim_{k\to\infty}f(x_{n_k})=f(x_0)$$

类似可证存在 x_1 满足$f(x_1)=M$。

定理 1.5.2 列紧的距离空间是完备的。

证明：设$\{x_n\}\subset X$ 是柯西序列。因为 X 列紧，所以存在子列 $x_{n_k}\to x\in X$。$\forall\epsilon>0,\exists N,n,m>N$ 时，$d(x_n,x_m)\leqslant\epsilon$。又 $\exists K$ 满足$k>K$ 时 $n_k>N$ 且 $d(x_{n_k},x)\leqslant\epsilon$。因此由三角不等式知

$$d(x_n,x)\leqslant d(x_n,x_{n_k})+d(x_{n_k},x)\leqslant 2\epsilon$$

这就证明了 $x_n\to x$，从而 X 是完备的。

定理 1.5.2 的逆命题是错误的。

[例 1.5.3] $\mathbb{R}$ 是完备的，但不是列紧的，因为序列$\{n\}$不存在收敛子列。

定义 1.5.2 如果存在 $x\in X$，$r>0$ 使得 $\forall y\in X$，$d(x,y)\leqslant r$ 即 $X\subset B_r(x)$则称 X 是**有界的**距离空间。

定理 1.5.3 列紧的距离空间是有界的。

证明：用反证法。若 X 列紧，但不是有界的，则 $\forall x\in X$，$\forall r>0$，$X\not\subset B_r(x)$。特别地，取定 x_1 和 $r=1$ 则存在 x_2 满足 $d(x_1,x_2)>1$；取 $r=d(x_1,x_2)+1$ 则存在 x_3 满足 $d(x_2,x_3)>r$，由三角不等式可知 $d(x_1,x_3)>1$；如此重复，可以得到序列$\{x_n\}$满足 $d(x_n,x_m)>1(n\neq m)$，其不存在收敛序列，这与 X 列紧矛盾，因此 X 是有界的。

推广有界性的概念可以得到如下的定义。

定义 1.5.3 $A\subset X$，如果 $\forall x\in X$ 存在 $y\in A$，满足 $d(x,y)<\epsilon$，即 $X\subset\bigcup_{y\in A}B_\epsilon(y)$则称 A 是 X 的一个 **ϵ-网**。当 A 中的元素个数有限时，称 A 是一个**有限 ϵ-网**。

X 是距离空间，如果 $\forall\epsilon>0$，X 都存在有限 ϵ-网，则称 X 是**完全有界的**。显然完全有界的距离空间一定是有界的。

性质 1.5.1　列紧的距离空间是完全有界的。

证明：采用反证法。设 X 是列紧的距离空间，对 $\epsilon_0>0$ 不存在有限 ϵ_0 - 网。任取 $x_1\in X$，则 $\exists x_2\notin B_{\epsilon_0}(x_1)$；存在 $x_3\notin B_{\epsilon_0}(x_1)\cup B_{\epsilon_0}(x_2)$；重复下去得到序列 $\{x_n\}\notin\bigcup_{i=1}^{n-1}B_{\epsilon_0}(x_i)$，于是 $d(x_n,x_m)\geqslant 1(n\neq m)$，该序列不存在收敛子列，与列紧性矛盾，证毕。

完全有界的距离空间不一定是列紧的。

[**例 1.5.4**]　证明开区间 (0,1) 是完全有界的，但并非列紧的。

证明：注意到 $\forall\epsilon>0$ 取 $n=\left[\frac{1}{\epsilon}\right]$ 则 $\{k\epsilon\}_{k=1}^{n}$ 是 (0,1) 的一个 ϵ - 网。因此 (0,1) 是完全有界的。又数列 $\left\{\frac{1}{n}\right\}$ 在其中没有极限，因此它不是列紧的。

习　题

习题 1.5.1　在 $R([a,b])$ 上赋予度量

$$d(f,g)=\int_a^b|f(x)-g(x)|dx$$

举例说明此时 $R([a,b])$ 不是完备的距离空间。

习题 1.5.2　(X,d) 是列紧的距离空间，定义

$$D:=\sup\{d(x,y)\mid x,y\in X\}$$

为 X 的直径。证明一定存在 $x,y\in X$ 使得

$$d(x,y)=D$$

习题 1.5.3　X 是距离空间，若其上的任何连续函数都有界，求证它是列紧的。

第 2 章

拓扑空间

2.1 拓扑空间的定义

设 X 是一个集合，定义其**幂集**为 X 的所有子集形成的集合，用 2^X 表示。2^X 的元素为 X 的子集。

设 $\tau \subset 2^X$，称 τ 定义了 X 上的一个**拓扑**，如果它满足以下三条拓扑公理

(1) $\varnothing$ 和 X 属于 τ。

(2) 任意多个 τ 中元素的并集仍然属于 τ。

(3) 有限多个 τ 中元素的交集仍然属于 τ。

此时，称 X 为一个**拓扑空间**，记为 (X,τ)。在不引起混淆的情况下，将它简记为拓扑空间 X。

τ 中的元素称为 X 中的**开集**，也就是说，拓扑空间是指定了开集的集合。由拓扑公理知道，开集对于无穷并和有限交运算是封闭的。

给定集合 X，令 $\tau = 2^X$，显然 τ 定义了 X 上的一个拓扑，称为 X 的**离散拓扑**。若定义 $\tau = \{\varnothing, X\}$，则 τ 也定义了 X 上的拓扑，称为 X 的**平凡拓扑**。一般来说 X 的拓扑是很多的。

[**例 2.1.1**] X 是一个无限集合，令

$$\tau := \{U \mid U = \varnothing \text{ 或者 } U^c \text{ 的元素个数有限}\}$$

则 τ 构成了 X 上的拓扑。

证明：事实上

(1) $\varnothing, X \in \tau$。

(2) $\forall U_\lambda \in \tau$，由 De Morgan 公式

$$\left(\bigcup_\lambda U_\lambda\right)^c = \bigcap_\lambda U_\lambda^c$$

其元素个数有限，因此$\bigcup_{\lambda} U_{\lambda} \in \tau$。

(3) 若 $U_i \in \tau(1 \leqslant i \leqslant n)$，则

$$\left(\bigcap_{1 \leqslant i \leqslant n} U_i\right)^c = \bigcup_{1 \leqslant i \leqslant n} U_i^c$$

其元素个数有限，所以$\bigcap_{1 \leqslant i \leqslant n} U_i \in \tau$。

该拓扑称为 X 上的**余有限拓扑**。

[例 2.1.2]　X 是一个无限集合，令

$$\tau := \{U \mid U = \varnothing \text{ 或者 } U^c \text{ 为至多可数集}\}$$

则 τ 构成了 X 上的拓扑。

证明：事实上

(1) $\varnothing$，$X \in \tau$。

(2) $\forall U_{\lambda} \in \tau$，由 De Morgan 公式

$$\left(\bigcup_{\lambda} U_{\lambda}\right)^c = \bigcap_{\lambda} U_{\lambda}^c$$

其元素为至多可数个，因此$\bigcup_{\lambda} U_{\lambda} \in \tau$。

(3) 若 $U_i \in \tau(1 \leqslant i \leqslant n)$，则

$$\left(\bigcap_{1 \leqslant i \leqslant n} U_i\right)^c = \bigcup_{1 \leqslant i \leqslant n} U_i^c$$

其元素个数至多可数，所以$\bigcap_{1 \leqslant i \leqslant n} U_i \in \tau$。

该拓扑称为 X 上的**余可数拓扑**。

[例 2.1.3]　$X = \{1,2,3\}$ 则 $\tau_1 = \{\varnothing, X, \{1\}\}$，$\tau_2 = \{\varnothing, X, \{1\}, \{2\}, \{1,2\}\}$ 都是 X 上的拓扑。

X 是一个集合，τ_1，τ_2 是 X 上的拓扑，若 $\forall U \in \tau_1$ 都有 $U \in \tau_2$，则记 $\tau_1 \subset \tau_2$，称 τ_2 比 τ_1 大，τ_1 比 τ_2 小。在例 2.1.3 中有 $\tau_1 \subset \tau_2$。显然，离散拓扑比任何拓扑都大，平凡拓扑比任何拓扑都小。

习　题

习题 2.1.1　写出集合 $X = \{x, y\}$ 的所有拓扑。

习题 2.1.2　若 τ_1，τ_2 是集合 X 上的两个拓扑，证明 $\tau_1 \cap \tau_2$ 也是 X 上的拓扑。

习题 2.1.3　定义

$$\tau = \{(-\infty, a) \mid -\infty \leqslant a \leqslant \infty\}$$

证明它是$\mathbb{R}$上的一个拓扑。

2.2 拓扑基

2^X 的子集称为 X 的**子集族**。

定义 2.2.1 设$\mathfrak{B}\subset 2^X$，定义

$$\overline{\mathfrak{B}}:=\{U \mid U\text{ 为}\mathfrak{B}\text{中若干元素的并}\}$$

若$\overline{\mathfrak{B}}$构成 X 的一个拓扑，则称$\mathfrak{B}$为 X 的一个**拓扑基**。此时，称$\overline{\mathfrak{B}}$为$\mathfrak{B}$生成的拓扑。

下面给出判定拓扑基的充要条件。

定理 2.2.1 $\mathfrak{B}$为 X 的一个拓扑基当且仅当以下两条成立

（1）$X=\bigcup\limits_{B\in\mathfrak{B}}B$。

（2）对任何的 $B_1,B_2\in\mathfrak{B},B_1\cap B_2$ 能写为$\mathfrak{B}$中若干元素的并。

证明：必要性是显然的。下面证明充分性。

（1）很明显 $\varnothing\in\overline{\mathfrak{B}}$，由条件（1）知道 $X\in\overline{\mathfrak{B}}$。

（2）由$\overline{\mathfrak{B}}$的定义知其满足拓扑公理（2）。

（3）若 $U,U'\in\overline{\mathfrak{B}}$，则 $U=\bigcup\limits_{\alpha}U_\alpha,U'=\bigcup\limits_{\beta}U_\beta$，这里 $U_\alpha,U_\beta\in\mathfrak{B}$，于是 $U\cap U'=\bigcup\limits_{\alpha,\beta}U_\alpha\cap U_\beta$。由条件（2）得 $U_\alpha\cap U_\beta\in\frac{\beta}{\mathfrak{B}}$，于是由上一条知 $U\cap U'\in\overline{\mathfrak{B}}$。

定理 2.2.1 指出，若想指定某个集合上的拓扑，只需要指定该集合的一个拓扑基。

［**例 2.2.1**］ $\mathbb{R}$ 是实数集，记$\mathfrak{B}$为所有开区间形成的集合，则$\mathfrak{B}$构成了$\mathbb{R}$的拓扑基。

证明：事实上容易知道

$$\mathbb{R}=\bigcup_{n\geqslant 1}(-n,n)$$

和

$$(a_1,b_1)\cap(a_2,b_2)=\begin{cases}\varnothing, & b_1<a_2\text{ 或者 }b_2<a_1\\(a_1,b_1), & a_2\leqslant a_1<b_1\leqslant b_2\\(a_2,b_1), & a_1\leqslant a_2<b_1\leqslant b_2\\(a_2,b_2), & a_1\leqslant a_2<b_2\leqslant b_1\\(a_1,b_2), & a_2\leqslant a_1<b_2\leqslant b_1\end{cases}$$

因此满足定理 2.2.1 中的两条，所以它是拓扑基。

该拓扑基生成的拓扑称为$\mathbb{R}$上的**欧氏拓扑**。

X 是一个距离空间，定义$\mathfrak{B}=\{B_r(x)\mid r>0,x\in X\}$，则有以下命题。

定理 2.2.2　$\mathfrak{B}$构成了 X 上的一个拓扑基。

证明：为了证明$\mathfrak{B}$构成一个拓扑基，验证

(1) 取定 x_0，则 $X=\bigcup\limits_{r>0}B_r(x_0)$。

(2) $\forall y\in B_{r_1}(x_1)\cap B_{r_2}(x_2)$，取

$$r_y=\min\{r_1-d(y,x_1),r_2-d(y,x_2)\}$$

由三角不等式得知当 $d(z,y)<r_y$ 时

$$d(z,x_1)\leqslant d(z,y)+d(y,x_1)<r_1,\ d(z,x_1)\leqslant d(z,y)+d(y,x_2)<r_2$$

即

$$B_{r_y}(y)\subset B_{r_1}(x_1)\cap B_{r_2}(x_2)$$

因此

$$B_{r_1}(x_1)\cap B_{r_2}(x_2)=\bigcup_y B_{r_y}(y)$$

由$\mathfrak{B}$生成的拓扑，称为 X 上的**距离拓扑**。无特殊说明，距离空间中的拓扑总是取作距离拓扑。

习　题

习题 2.2.1　定义

$$\mathfrak{B}=\{(-\infty,a)\mid a\text{ 是有理数}\}$$

证明它是$\mathbb{R}$上的拓扑基。

习题 2.2.2　定义

$$\mathfrak{B}=\{[a,b)\mid a<b\}$$

证明 $[1,2)$ 是 $(\mathbb{R},\overline{\mathfrak{B}})$ 中既开也闭的集合。

2.3　基本概念

有了拓扑空间开集的概念后，可以将距离空间的一些概念推广到拓扑空间。这种推广是直接的，可以从下面的论述中清楚地看到这一点。

定义 2.3.1 X 是一个拓扑空间，$x\in A\subset X$，若存在开集 $V\subset A$ 使得 $x\in V$，则称 A 为 x 的一个**邻域**，x 为 A 的**内点**。A 的所有内点形成的集合称为 A 的**内部**，记为 $\mathring{A}$。

[例 2.3.1] 集合 A 是拓扑空间 X 的子集，则 $\mathring{A}$ 是开集。

证明：根据定义 2.3.1 有

$$\forall x\in A,\ \exists U_x\in\tau, x\in U_x\subset A$$

因此

$$\mathring{A}=\bigcup_{x\in A}U_x$$

根据拓扑公理第(2)条知结论成立。

性质 2.3.1 X 是一个拓扑空间，$A,B\subset X$，则

(1) 若 $A\subset B$ 则 $\mathring{A}=\mathring{B}$。

(2) $\forall U\subset A$，U 为开集，则 $U\subset\mathring{A}$。

(3) A 是开集$\Leftrightarrow\mathring{A}=A$。

(4) $(A\mathring{\cap}B)=\mathring{A}\cap\mathring{B}$，$\mathring{A}\cup\mathring{B}\subset(A\mathring{\cup}B)$。

证明：(1) $\forall x\in\mathring{A}$，$\exists$ 开集 $U_x\subset A$，使得 $x\in U_x\subset A$，又 $A\subset B$，则 $x\in U_x\subset B$，即 $x\in\mathring{B}$。

(2) 若 $U\subset A$ 为开集，则 U 中的点必为 A 的内点，于是 $U\subset\mathring{A}$。

(3) 由刚证明的(2)知，若 A 为开集，则 $A\subset\mathring{A}$，又显然 $\mathring{A}\subset A$，则 $A=\mathring{A}$；若 $A=\mathring{A}$，

由例 2.3.1 知道 A 为开集。

(4) 由 (1) 知

$$(A\mathring{\cap}B)\subset\mathring{A},(A\mathring{\cap}B)\subset\mathring{B}$$

从而

$$(A\mathring{\cap}B)\subset\mathring{A}\cap\mathring{B}$$

任取 $x\in\mathring{A}\cap\mathring{B}$，则存在开集 V_A 和开集 V_B 使得

$$x\in V_A\subset A, x\in V_B\subset B$$

令

$$V=V_A\cap V_B$$

则 $x\in V\subset A\cap B$，因此

$$\mathring{A}\cap\mathring{B}\subset(A\mathring{\cap}B)$$

类似地，$\mathring{A}\cup\mathring{B}\subset A\cup B$，由（1）和（3）得 $\mathring{A}\cup\mathring{B}\subset(A\mathring{\cup}B)$。

定义 2.3.2 如果任何包含 x 的邻域 V 与 $A\setminus\{x\}$ 交集非空，则称 x 是 A 的一个**聚点**。A 的所有聚点形成的集合称为 A 的**导集**，用 A' 表示。若 $x\in A$ 且 $x\notin A'$，换言之存在 x 的邻域 V，使得 $V\cap A=\{x\}$，则称 x 是 A 的**孤立点**。

记 $\overline{A}=A'\cup A$，称为 A 的**闭包**。$\overline{A}$ 是 A 的所有聚点和孤立点形成的集合。$A=\overline{A}$ 则称 A 是闭集。

性质 2.3.2 $\overline{A}^c=\mathring{A^c}$，即 A 的闭包的补集等于 A 的补集的内部。

证明：

$$
\begin{aligned}
x\in\overline{A}^c &\Leftrightarrow \exists x \text{ 的邻域 } V \text{ 使得 } V\cap A=\varnothing\\
&\Leftrightarrow x\in V\subset A^c\\
&\Leftrightarrow x\in\mathring{A^c}
\end{aligned}
$$

性质 2.3.3 A 是闭集等价于 A^c 是开集。

证明： $A=\overline{A}\Leftrightarrow A^c=\overline{A}^c\Leftrightarrow A^c=\mathring{A^c}\Leftrightarrow A^c$ 是开集。

闭集有如下的性质：

性质 2.3.4 设 X 是一个拓扑空间，则

（1）$\varnothing$，X 是闭集。

（2）任意多个闭集的交集为闭集。

（3）有限多个闭集的并集为闭集。

这些性质的证明与性质 1.2.9 雷同，因此略去。值得注意的是，$\varnothing$，X 既是开集又是闭集。但是，不能认为拓扑空间的集合不是开集就是闭集，也就是说存在既不是开集也不是闭集的集合。

[例 2.3.2] 令 $X=\{1,2,3\},\tau=\{\varnothing,X,\{1\}\}$，则集合 $\{2\}$ 既不是开集也不是闭集。带有欧氏拓扑的实数集 $\mathbb{R}$ 的子集 $[a,b)$ 既不是开集也不是闭集。

性质 2.3.5 X 是一个拓扑空间，A，$B\subset X$，则

（1）$A\subset B\Rightarrow\overline{A}\subset\overline{B}$。

（2）$A\subset E$，E 为闭集，则 $\overline{A}\subset E$。

(3) A 为闭集$\Leftrightarrow A=\overline{A}$。

(4) $\overline{A\cap B}\subset\overline{A}\cap\overline{B}$，$\overline{(A\cup B)}=\overline{A}\cup\overline{B}$。

这个性质的证明与性质 1.2.10 雷同，略去。

★★★ 2.3.1 收敛性 ★★★

回顾数学分析中数列$\{x_n\}$收敛到 x 是指：对于任何 x 的 ϵ 邻域 O_ϵ，存在 N，当 $n>N$ 时，$x_n\in O_\epsilon$。拓扑空间中有邻域的概念，可以类似定义拓扑空间 X 中序列的收敛性。

定义 2.3.3 若对于任何的 x 的邻域 U，总存在 N，当 $n>N$ 时，$x_n\in U$，则称$\{x_n\}$收敛到 x，记作 $x_n\to x(n\to\infty)$或$\lim\limits_{n\to\infty}x_n=x$。

数列的收敛有唯一性。这一点在有的拓扑空间中不成立。

[例 2.3.3] 取 $X=\mathbb{R}$ 其上赋予余有限拓扑，$\{x_n\}$ 是其中的序列，元素两两不同，则其极限不唯一。

证明： $\forall x\in\mathbb{R}$，任取 x 的邻域 U，则 U^c 元素个数有限，因此当 n 足够大时，$x_n\notin U^c$，即 $x_n\in U$。从而$\forall x\in\mathbb{R}$都有$\{x_n\}$收敛到 x。

★★★ 2.3.2 子空间 ★★★

定义 2.3.4 设 $A\subset(X,\tau)$。定义子集族

$$\tau_A:=\{U\cap A\mid U\in\tau\}$$

容易验证 τ_A 满足 3 条拓扑公理，因而定义了 A 上的一个拓扑。称这个拓扑为 τ 诱导出的 A 上的**子空间拓扑**，(A,τ_A) 称为 (X,τ) 的**子空间**。

无特殊说明，将某个拓扑空间的子集看作拓扑空间时，总是取子空间拓扑。

由子空间拓扑的定义知道 $B\subset A\subset X$，B 为 A 的开集$\Leftrightarrow\exists U\in\tau$，$B=U\cap A$，于是 B 为 A 的闭集$\Leftrightarrow A\setminus B$ 为 A 的开集$\Leftrightarrow\exists U\in\tau$，$A\setminus B=U\cap A\Leftrightarrow\exists U\in\tau$，$B=U^c\cap A$，换言之，以下命题成立。

性质 2.3.6 $B\subset A\subset X$ 为 A 的闭集$\Leftrightarrow$存在 E 为 X 的闭集，$B=E\cap A$。

根据这个命题有如下推论：

推论 2.3.1 $B \subset A \subset X$，若 B 是 X 的开集（闭集），则 B 为 A 的开集（闭集）。

要说明的是，子空间 A 中的集合为开集还是闭集，应该明确在什么拓扑下讨论。

［例 2.3.4］ 令 $X=\mathbb{R}$，带有欧氏拓扑，$A=[0,1)$，集合 $\left[0,\frac{1}{2}\right)$ 在 X 中不是开集，也不是闭集，但是在 A 的子空间拓扑下为开集。这是因为存在 X 中的开集 $\left(-1,\frac{1}{2}\right)$ 使得 $[0,1)=\left(-1,\frac{1}{2}\right)\cap[0,1]$。同样 $\left[\frac{1}{2},1\right)$ 为 A 中的闭集。

习　题

习题 2.3.1 求集合

$$E:=\left\{\left(x,\sin\frac{1}{x}\right)\mid x>0\right\}$$

在 $\mathbb{R}^2$ 中的闭包。

习题 2.3.2 A 是 X 中的开集，证明

$$A\cap\overline{B}\subset\overline{(A\cap B)}$$

习题 2.3.3 将 $A=(0,2)$ 看作 $\mathbb{R}$ 的子空间，证明集合

$$E:=\left\{1,\frac{1}{2},\cdots,\frac{1}{n},\cdots\right\}$$

是 A 中的闭集。注意 E 并不是 $\mathbb{R}$ 中的闭集。

习题 2.3.4 Y 是 X 的子空间，且 $\mathring{A}\subset Y$，$x\in Y$。证明在 X 中 x 是 A 的聚点等价于在 Y 中 x 是 A 的聚点。

习题 2.3.5 设 $B\subset A\subset X$，举例说明 B 在 A 中的内部和 B 在 X 中的内部可以不相等。

2.4 连续映射

★★★ 2.4.1 连续映射的定义 ★★★

定义 2.4.1 设 X，Y 为两个拓扑空间，f 为从 X 到 Y 的映射。称

f 是 X 到 Y 的**连续映射**，如果对任何 Y 中的开集 U，$f^{-1}(U)$ 为 X 中的开集。

如果拓扑空间 Y 中的拓扑由拓扑基 $\mathfrak{B}$ 生成，则 f 为连续映射当且仅当对任何的集合 $U\in\mathfrak{B}$，$f^{-1}(U)$ 为 X 中的开集。

定理 2.4.1 f: $X\to Y$，则 f 为连续映射，当且仅当对任何 Y 中的闭集 F，$f^{-1}(F)$ 为 X 中的闭集。

证明：设 $U\subset Y$ 为开集，则 $f^{-1}(U)$ 为开集 $\Leftrightarrow f^{-1}(U)^c$ 为闭集 $\Leftrightarrow f^{-1}(U^c)$ 为闭集。

下面指出几个常见的连续映射。

恒同映射：$X\to X$ 显然是连续映射。

若 f 为 X 到 Y 的**常值映射**，即存在 $y_0\in Y$ 使得 $\forall x\in X, f(x)=y_0$，则 f 为连续映射。事实上若 $U\subset Y$ 为开集，则

$$f^{-1}(U)=\begin{cases}X, & y_0\in U\\ \varnothing, & y_0\notin U\end{cases}$$

而这两者都是开集。

若 $A\subset X$，则**包含映射** i_A：$A\to X$ 为连续映射，因为当 U 为 X 中的开集时，$i_A^{-1}(U)=U\cap A$，根据子空间拓扑的定义，后者是 A 中的开集。

★★★ 2.4.2 连续映射的性质 ★★★

性质 2.4.1 设 X，Y，Z 为拓扑空间，f: $X\to Y$，g: $Y\to Z$ 均是连续映射，则复合映射 $g\circ f$ 为连续映射。这里的复合映射定义为

$$(g\circ f)(x):=g(f(x))$$

可用如图 2-1 所示的交换图表示。

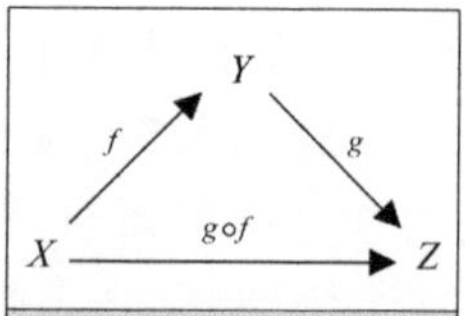

图 2-1 交换图

证明：$\forall U\subset Z$ 为开集，注意到

$$(g\circ f)^{-1}(U)=f^{-1}(g^{-1}(U))$$

因为 g 是连续映射，所以 $g^{-1}(U)$ 是开集，又因为 f 是连续映射，得到 $f^{-1}(g^{-1}(U))$ 为开集。

该命题的意义在于，一方面可以借助它构造新的连续映射，另一方面可以将映射分解为两个（或多个）映射的复合而得知其连续性。

f：$X\to Y$，$A\subset X$，定义**限制映射**

$$f|_A(x)=f(x),x\in A$$

[**例 2.4.1**] f 为 X 到 Y 的连续映射，$A\subset X$，则 $f|_A$ 为连续映射。

证明：显然

$$f|_A=f\circ i_A$$

这里 i_A 是 A 到 X 的包含映射，由性质 2.4.1 知 $f|_A$ 为连续映射。

[**例 2.4.2**] f 为 X 到 Y 的连续映射，则 f 也是 X 到 $f(X)$ 的连续映射。

证明：任取 $U\subset f(X)$ 是 $f(X)$ 的开集，则存在 Y 中开集 V 使得 $U=f(X)\cap V$，从而

$$f^{-1}(U)=f^{-1}(V)$$

是开集。

定义 2.4.2 $\mathfrak{C}$是拓扑空间 X 的一族子集，如果 $\bigcup\limits_{C\in\mathfrak{C}}C=X$，则称$\mathfrak{C}$是 X 的一个**覆盖**。若$\mathfrak{C}$中元素均是 X 的开（闭）集，则称$\mathfrak{C}$为 X 的一个**开（闭）覆盖**。当$\mathfrak{C}$元素个数有限时，称之为**有限覆盖**。

定理 2.4.2（粘接引理） f 是拓扑空间 X 到 Y 的映射。$\{A_i\}_{i=1}^n$ 是拓扑空间 X 的一个有限闭覆盖，若 $f_i=f|A_i$ 是 A_i 上的连续映射，则 f 为 X 上的连续映射。

证明：设 $F\subset Y$ 为闭集，则直接验证知

$$f^{-1}(F)=\bigcup_{i=1}^{n}f_i^{-1}(F)$$

f_i 为 A_i 上的连续映射，所以 $f_i^{-1}(F)$ 为 A_i 的闭集，又 A_i 为 X 的闭集，则 $f_i^{-1}(F)$ 为 X 的闭集，于是得到 $f^{-1}(F)$ 为闭集。根据定理 2.4.1 知道 f 是 X 上的连续映射。

借助粘接引理能分片构造连续映射。

[**例 2.4.3**] 规定 f：$\mathbb{R}\setminus[0,1)\to\mathbb{R}$ 为

$$f(x)=\begin{cases}x, & x<0\\ x-1 & x\geqslant 1\end{cases}$$

根据粘接引理，该映射是连续映射。事实上

$$\mathbb{R}\setminus[0,1)=(-\infty,0)\cup[1,+\infty)$$

而（$-\infty,0$）和［$1,+\infty$）都是$\mathbb{R}\setminus[0,1)$中的闭集。显然f在这两个子集上是连续映射，于是由粘接引理知f连续。

★★★ 2.4.3 同胚映射 ★★★

定义 2.4.3 f是拓扑空间X到拓扑空间Y的一一满射（双射），即$\forall y\in Y$，$\exists$唯一的x使得$f(x)=y$。如果f和f^{-1}都是连续映射，则称f是X到Y的**同胚映射**。

由同胚映射的定义知道，U为X的开集当且仅当$f(U)$为Y的开集。同胚映射建立了X和Y的开集之间的一一对应，因而从拓扑上看X和Y是一样的。当X和Y之间存在同胚映射时，称它们是**同胚**的，记为$X\cong Y$。

同胚映射是拓扑空间之间等价关系，即它满足自反性、对称性和传递性。这里的传递性是指：若$X\cong Y$，$Y\cong Z$则$X\cong Z$。根据映射的性质 2.4.1 结论是显然的。

应当注意的是，同胚映射的定义中f^{-1}的连续性不能由双射条件和f的连续性推出。

［例 2.4.4］ f如例 2.4.3 所定义。显然f是$\mathbb{R}\setminus[0,1)$到$\mathbb{R}$的双射，且是连续的，证明$g=f^{-1}$不连续。

证明：注意到对于$\mathbb{R}\setminus[0,1)$的开集$U=[1,+\infty)$，$g^{-1}(U)=(f^{-1})^{-1}(U)=f(U)=f([1,+\infty))=[0,+\infty)$不是$\mathbb{R}$的开集。根据定义 2.4.1 知$g$不连续。

［例 2.4.5］ 任何开区间都和$\mathbb{R}$同胚。

证明：首先$f(x)=\tan\left(\frac{\pi}{2}x\right)$定义了$(-1,1)$到$\mathbb{R}=(-\infty,\infty)$的同胚映射。其次，对任何的开区间$(a,b)=(x_0-\delta,x_0+\delta)$，

$$g(x)=\frac{x-x_0}{\delta}$$

确定了从$(x_0-\delta,x_0+\delta)$到$(-1,1)$的同胚映射，这里$\delta=\frac{b-a}{2}$。考虑到同胚映射之间的传递性，(a,b)同胚于$\mathbb{R}$。

［例 2.4.6］ 定义

$$S^n := \left\{(x_1,\cdots,x_{n+1}) \mid \sum_{i=1}^{n+1} x_i^2 = 1\right\}$$

称为 n 维球面。求证 $S^n \setminus \{(0,0,\cdots,1)\}$ 与 $\mathbb{R}^n$ 同胚。

证明：我们以 $n=2$ 时为例说明。定义映射

$$f(x_1,x_2,x_3) = \left(\frac{x_1}{1-x_3}, \frac{x_2}{1-x_3}\right)$$

容易验证它是同胚映射。

习　题

习题 2.4.1　映射 $f: X \to Y$，证明 f 连续等价于 $\forall A \subset X$，$f(\overline{A}) \subset \overline{f(A)}$。

习题 2.4.2　$i: A \to Y$ 是包含映射，证明 $f: X \to A$ 连续等价于 $i \circ f: X \to Y$ 连续。

习题 2.4.3　证明 $\mathbb{R}^2 \setminus \{0\}$ 和 $X := \{(x,y,z) \mid x^2+y^2=1\}$ 同胚。

习题 2.4.4　如果映射 $f: X \to Y$ 把 X 中的开集映成 Y 中的开集，则称之为**开映射**。举例说明连续映射不一定是开映射。

习题 2.4.5　如果映射 $f: X \to Y$ 把 X 中的闭集映成 Y 中的闭集，则称之为**闭映射**。举例说明连续映射不一定是闭映射。

2.5　乘积空间

(X_1,τ_1)，(X_2,τ_2) 是两个拓扑空间。$X_1 \times X_2$ 是它们的笛卡儿乘积

$$X_1 \times X_2 = \{(x_1,x_2) \mid x_i \in X_i\}$$

定义 $\mathfrak{B} = \{U_1 \times U_2 \mid U_i \in \tau_i\}$，显然 $\bigcup_{B\in\mathfrak{B}} B = X_1 \times X_2$。当 $U_1, U_1' \in \tau_1, U_2, U_2' \in \tau_2$ 时，

$$(U_1 \times U_2) \cap (U_1' \times U_2') = (U_1 \cap U_1') \times (U_2 \cap U_2')$$

仍然在 $\mathfrak{B}$ 中，于是 $\mathfrak{B}$ 是 $X_1 \times X_2$ 上的拓扑基，称它生成的拓扑为 $X_1 \times X_2$ 的**乘积拓扑**，记为 $\tau_1 \times \tau_2$。带有乘积拓扑的拓扑空间 $X_1 \times X_2$ 称为 X_1，X_2 的**乘积空间**。

[例 2.5.1]　作为乘积空间 $\mathbb{R}^2 = \mathbb{R} \times \mathbb{R}$。

定义从 $X_1 \times X_2$ 到 $X_i (i=1,2)$ 的映射如下

$$p_i: X_1 \times X_2 \to X_i$$
$$(x_1, x_2) \to x_i$$

称之为 $X_1 \times X_2$ 到 X_i 的**投影**映射。

性质 2.5.1 p_i 是乘积空间 $X_1 \times X_2$ 到 X_i 的连续映射。

证明：以 p_1 为例，$\forall U_1 \in \tau_1 p_1^{-1}(U_1) = U_1 \times X_2 \in \tau_1 \times \tau_2$，得证。

性质 2.5.2 $\tau_1 \times \tau_2$ 是使得 p_i 连续的最小拓扑。

证明：设 τ 是 $X_1 \times X_2$ 的任一使得 p_i 连续的拓扑。$\forall U_1 \in \tau_1, p_1^{-1}(U_1) = U_1 \times X_2$，由于 p_1 连续，则 $U_1 \times X_2 \in \tau$，同理 $X_1 \times U_2 \in \tau$，于是

$$(U_1 \times X_2) \cap (X_1 \times U_2) = U_1 \times U_2 \in \tau$$

从而 $\tau_1 \times \tau_2 \subset \tau$。

设f: $Y \to X_1 \times X_2$，则可定义 $f_i := p_i \circ f$，该映射称为 f 的**分量**映射。

定理 2.5.1 当且仅当 f_i 是 Y 到 X_i 的连续映射时，f 是 Y 到 $X_1 \times X_2$ 的连续映射。

证明：由性质 2.4.1 知必要性成立。下面证明充分性，$\forall U_1 \times U_2 \in \tau_1 \times \tau_2$，由 f_1 连续知

$$f_1^{-1}(U_1) = f^{-1}(p_1^{-1}(U_1)) = f^{-1}(U_1 \times X_2)$$

为 Y 中的开集。同理

$$f^{-1}(X_1 \times U_2)$$

为 Y 中开集，于是

$$f^{-1}(U_1 \times U_2) = f^{-1}(U_1 \times X_2) \cap f^{-1}(X_1 \times U_2)$$

为开集，证毕。

习　　题

习题 2.5.1 A，B 是 X，Y 中的闭集，证明 $A \times B$ 是乘积空间 $X \times Y$ 中的闭集。

习题 2.5.2 若 $A \subset X, B \subset Y$ 证明在乘积空间 $X \times Y$ 中

$$(1)\ \overline{A \times B} = \overline{A} \times \overline{B}$$

$$(2)\ (A \overset{\circ}{\times} B) = \mathring{A} \times \mathring{B}$$

2.6　分离公理和紧致空间

★★★ 2.6.1　分离公理 ★★★

分离公理主要表明拓扑空间的点集的分离性质。本节只介绍最重要的 T_2 公理。

定义 2.6.1　设 X 是一个拓扑空间，若对其任何不同的两点 x,y 总存在邻域 $x \in U_x$、$y \in U_y$ 满足 $U_x \cap U_y = \emptyset$，则称 X 满足 T_2 公理。满足 T_2 公理的拓扑空间称为 Hausdorff 拓扑空间。

[**例 2.6.1**]　$\mathbb{R}$ 是 Hausdorff 拓扑空间。

证明： $\forall x \neq y$，记 $\delta = |x-y|$，取

$$U_x = \left(x - \frac{1}{4}\delta, x + \frac{1}{4}\delta\right)$$

和

$$U_y = \left(y - \frac{1}{4}\delta, y + \frac{1}{4}\delta\right)$$

显然有 $U_x \cap U_y = \emptyset$。

定理 2.6.1　距离空间一定是 Hausdorff 拓扑空间。

证明： $\forall x \neq y$，取 $r = \frac{1}{4}\mathrm{d}(x,y) > 0$，则显然有

$$x \in \mathrm{B}_r(x), y \in \mathrm{B}_r(y) \text{ 且 } \mathrm{B}_r(x) \cap \mathrm{B}_r(y) = \emptyset$$

定理 2.6.2　Hausdorff 拓扑空间中的单点集是闭集。

证明： 我们要证明 $\forall \{x\}$，$\{x\}^c$ 是开集。根据 T_2 公理 $\forall y \neq x$，$\exists$ 邻域 $U_y \ni y, U_x \ni x, U_y \cap U_x = \emptyset$，这说明 $U_y \subset \{x\}^c$，于是 $\{x\}$ 为闭集。

前面已经指出，在一般的拓扑空间中，序列极限的唯一性并不一定成立，但在 Hausdorff 拓扑空间中有以下定理。

定理 2.6.3　X 是 Hausdorff 拓扑空间，若序列 $\{x_n\}$ 收敛到 x，则 x 是唯一的。

证明： 假设 $x_n \to x, x_n \to y$，若 $x \neq y$，由于 X 满足 T_2 公理

$$\exists \text{ 邻域 } U_y \ni y, U_x \ni x, U_y \cap U_x = \emptyset$$

由序列收敛的定义知，当 n 充分大时 $x_n \in U_x$，$x_n \in U_y$，而这是不可能

的。

★★★ 2.6.2 紧致拓扑空间 ★★★

定义 2.6.2 如果拓扑空间 X 的任何开覆盖都有有限子覆盖，则称之为**紧致拓扑空间**。

[**例 2.6.2**] 由数学分析的知识知道，闭区间 $[a,b]$ 赋予$\mathbb{R}$的诱导拓扑后是紧致拓扑空间。

[**例 2.6.3**] $\mathbb{R}$ 不是紧致拓扑空间。这是因为开覆盖

$$\mathbb{R}=\bigcup_{n\geqslant}(-n,n)$$

不存在有限子覆盖。

定义 2.6.3 若 A 作为 X 的子空间是紧致拓扑空间，则拓扑空间 X 的子集 A 称为**紧致子集**。换言之，如果 A 在 X 的子空间拓扑下是紧致的，则称其为紧致子集。

[**例 2.6.4**] 集合 $[0,1]$ 在实数集$\mathbb{R}$的子空间拓扑下是紧致的，于是它是$\mathbb{R}$的紧致子集。

若$\mathfrak{B}$是 X 的开子集族且 $A\subset\bigcup_{B\in\mathfrak{B}}B$，则称$\mathfrak{B}$是 A 在 X **中的开覆盖**。注意：不要混淆 A **在** X **中的开覆盖**和 A **的开覆盖**，前者要求开覆盖中的元素是 X **中的开集**，而后者要求开覆盖的元素是 A **中的开集**。

定理 2.6.4 A 是 X 中的紧致子集$\Leftrightarrow A$ 在 X 中的任何开覆盖有有限子覆盖。

证明：$\Rightarrow$设 $A\subset\bigcup_{B\in\mathfrak{B}}B$，$B$ 是 X 中的开集，则 $A=\bigcup_{B\in\mathfrak{B}}B\cap A$。根据子空间拓扑的定义，集族

$$\{B\cap A\mid B\in\mathfrak{B}\}$$

是 A 的开覆盖，从而 $\exists B_i(1\leqslant i\leqslant k)$ 使得

$$A=\bigcup_{i=1}^{k}B_i\cap A$$

于是 $A\subset\bigcup_{i=1}^{k}B_i$。

$\Leftarrow$设 $A=\bigcup_{B\in\mathfrak{B}}B$，$B$ 是 A 中的开集。根据子空间拓扑的性质，$\exists B'$为 X 中的开集使得 $B=B'\cap A$，于是得到 $A\subset\bigcup_{B'\in\mathfrak{B}'}B'$，从而$\mathfrak{B}'$为 A 在 X

中的开覆盖，因此$\exists B_i'(1\leqslant i\leqslant k)$ 满足$A\subset\bigcup_{i=1}^{k}B_i'$，即有$A=\bigcup_{i=1}^{k}(B_i'\cap A)=\bigcup_{i=1}^{k}B_i$，证毕。

定理 2.6.5　X 是紧致拓扑空间，$A\subset X$ 是闭集，则 A 是 X 中的紧致子集。

证明：设$\mathfrak{B}$是 A 在 X 中的开覆盖，则 $X=(\bigcup_{B\in\mathfrak{B}}B)\cup A^c$。因为 A 是闭集，所以 A^c 是开集，从而$\mathfrak{B}\cup\{A^c\}$ 是 X 的开覆盖，因此存在 $B_i(1\leqslant i\leqslant k)$ 使得

$$X=\bigcup_{i=1}^{k}B_i\cup A^c$$

得到$A\subset\bigcup_{i=1}^{k}B_i$，证毕。

定理 2.6.6　Hausdorff 拓扑空间中的紧致子集是闭集。

证明：设 A 是 Hausdorff 拓扑空间 X 中的紧致子集，$x\notin A$。$\forall y\in A$，$\exists V_y\ni y$ 和 $U_x^y\ni x$ 满足 $V_y\cap U_x^y=\varnothing$。注意到 $\{V_y\mid y\in A\}$ 构成了 A 在 X 中的开覆盖，于是存在

$$V_{y_i}(1\leqslant i\leqslant k),A\subset\bigcup_{i=1}^{k}V_{y_i}$$

令

$$U=\bigcap_{i=1}^{k}U_x^{y_i},V=\bigcup_{i=1}^{k}V_{y_i}$$

则 U 是 x 的邻域且 $U\cap V=\varnothing$，于是 $U\subset A^c$，证毕。

定理 2.6.7　设 f：$X\to Y$ 是连续映射，若 X 是紧致拓扑空间，则 f 的象集是 Y 的紧致子集。

证明：设$\mathfrak{B}$是$f(B)$ 在 Y 中的开覆盖，则 $\{f^{-1}(B)\mid B\in\mathfrak{B}\}$ 是 X 的开覆盖。X 是紧致拓扑空间，因此存在 $B_i(1\leqslant i\leqslant k)$使得 $X=\bigcup_{i=1}^{k}f^{-1}(B_i)$，因此$f(X)\subset\bigcup_{i=1}^{k}B_i$，证毕。

定理 2.6.8　X 是紧致拓扑空间，Y 是 Hausdorff 拓扑空间，f：$X\to Y$ 是连续的一一满射，则 f 是 X 到 Y 的同胚映射。

证明：只需说明 f^{-1} 连续，即说明 f 将 X 中的闭集映射为 Y 中的闭集。设 $A\subset X$ 是闭集，由 X 紧致，根据定理 2.6.5 得 A 是紧致子

集，再由定理 2.6.7 知 $f(A)$ 是 Y 中的紧致子集。Y 是 Hausdorff 拓扑空间，因此 $f(A)$ 是 Y 中的闭集，证毕。

★★★ 2.6.3 乘积空间的紧性 ★★★

紧性虽然不具有传递性，但却具有可乘性质。

性质 2.6.1 X，Y 是紧致空间，则乘积空间 $X\times Y$ 是紧致的。

证明：设$\mathfrak{B}$是 $X\times Y$ 的一个开覆盖，注意到 $\forall y\in Y$，定义映射

$$p_y: X\to X\times\{y\}$$
$$x\to(x,y)$$

它构成了 X 和 $X\times\{y\}$ 的同胚映射，因此 $X\times\{y\}$ 是 $X\times Y$ 的紧致集合。$\mathfrak{B}$显然是 $X\times\{y\}$ 在 $X\times Y$ 中的开覆盖，所以存在有限个 $B_i^y\in\mathfrak{B}(1\leqslant i\leqslant n)$ 使得

$$X\times\{y\}\subset W:=\bigcup_{i=1}^{n}B_i^y$$

注意到 $\forall x\in X$ 存在开集

$$x\in U_x^y\subset X, y\in V_x^y\subset Y \text{ 使得 } U_x^y\times V_x^y\subset W$$

显然

$$X=\bigcup_{x\in X}U_x^y$$

又 X 紧致，从而

$$X=\bigcup_{j=1}^{m}U_{x_j}^y$$

令

$$V^y=\bigcap_{j=1}^{m}V_{x_j}^y$$

则 V^y 为开集，且

$$X\times V^y\subset W$$

又 $Y=\bigcup\limits_{y\in Y}V^y$，$Y$ 是紧的，所以 $Y=\bigcup\limits_{k}V^{y_k}$，从而 $X\times Y=\bigcup\limits_{i,k}B_i^{y_k}$，证毕。

当 $X\times Y$ 是紧致拓扑空间时，投影映射定义了 $X\times Y\to X$ 和 $X\times Y\to Y$ 的连续映射，因此 X，Y 一定是紧致的。这样我们得到如下结果。

定理 2.6.9 $X\times Y$ 紧致$\Leftrightarrow X$，Y 均紧致。

设$\mathfrak{B}$是列紧的距离空间的一个开覆盖且 $X\notin\mathfrak{B}$，定义

$$\mathrm{d}(x,\mathfrak{B})=\sup_{B\in\mathfrak{B}}\mathrm{d}(x,B^c)$$

由于 $\forall x$, $\exists B\in\mathfrak{B}, x\in B$ 且 $B\neq X, B^c$ 是闭集，因此 $d(x,\mathfrak{B})>0$。

引理 2.6.1　$|d(x,\mathfrak{B})-d(y,\mathfrak{B})|\leqslant d(x,y)$，因而 $d(x,\mathfrak{B})$ 是关于 x 的连续函数。

证明：易知

$$d(x,B^c)\leqslant d(y,B^c)+d(x,y)\leqslant d(x,\mathfrak{B})+d(x,y)$$

可得

$$d(x,\mathfrak{B})\leqslant d(y,\mathfrak{B})+d(x,y)$$

同理可得

$$d(y,\mathfrak{B})\leqslant d(x,\mathfrak{B})+d(x,y)$$

证毕。

由于 $d(x,\mathfrak{B})$ 连续且 X 列紧，于是 $\delta=\min\limits_{x\in X}d(x,\mathfrak{B})>0$，该数称为$\mathfrak{B}$的勒贝格数，记作 $L(\mathfrak{B})$。

引理 2.6.2　$L(\mathfrak{B})$ 如上所述，则当 $r<L(\mathfrak{B})$ 时 $\forall x\in X$ 存在 $B\in\mathfrak{B}$满足

$$\mathrm{B}_r(x)\subset B$$

证明：注意到

$$\sup_{B\in\mathfrak{B}}d(x,B^c)\geqslant L(\mathfrak{B})>r$$

则存在 $B\in\mathfrak{B}$

$$d(x,B^c)>r$$

从而 $\mathrm{B}_r(x)\subset B$。

定理 2.6.10　列紧的距离空间是紧致的。

证明：设$\mathfrak{B}$是列紧空间 X 的一个开覆盖，不妨假设 $X\notin\mathfrak{B}$（否则证毕）。令 $\delta=L(\mathfrak{B})>0$。取 $\epsilon=\frac{1}{2}\delta$，由于列紧的距离空间是完全有界的，所以 X 存在有限 $\epsilon-$网

$$X=\bigcup_{k=1}^{n}\mathrm{B}_\epsilon(x_k)$$

根据引理 2.6.2 得到 $\forall\,\mathrm{B}_\epsilon(x_k)$，$\exists B_k$ 使得 $\mathrm{B}_\epsilon(x_k)\subset B_k$，因此

$$X=\bigcup_{k=1}^{n}B_k$$

逆命题也是正确的。

定理 2.6.11　紧距离空间是列紧的。

证明：设 $\{x_n\}\subset X$，要证它含有收敛子列。如果 $\{x_n\}$ 有无穷多项相同，则结论显然；否则不妨认为 $\{x_n\}$ 任何两项都不同，考虑集合

$$E_n=\overline{\{x_k\}_{k\geqslant n}}$$

是闭集，且

$$E_{n+1}\subset E_n$$

于是

$$E:=\bigcap_{n\geqslant 1}E_n\neq\varnothing$$

否则

$$X=\bigcup_{n\geqslant 1}E_n^c$$

由于 X 是紧的，可知存在 n_0

$$X=\bigcup_{1\leqslant n\leqslant n_0}E_n^c$$

即

$$\bigcap_{1\leqslant n\leqslant n_0}E_n=E_{n_0}=\varnothing$$

这是矛盾的，取 $x\in E$，则存在

$$x_{n_1}\in E_1$$

使得

$$\mathrm{d}(x_{n_1},x)<1$$

存在

$$x_{n_2}\in E_2$$

使得

$$\mathrm{d}(x_{n_2},x)<\frac{1}{2}$$

（可以要求 $x_{n_2}\neq x_{n_1}$；重复下去得到序列 x_{n_k} 满足 $\mathrm{d}(x_{n_k},x)<\frac{1}{k}$，此即

$$x_{n_k}\rightarrow x(k\rightarrow+\infty)$$

证毕。

作为以上命题的简单应用，我们证明如下结果。

性质 2.6.2 紧致距离空间的乘积空间是紧致的。

证明：设 X，Y 是紧致距离空间，只需说明 $X\times Y$ 列紧。考察

$(x_n, y_n) \subset X \times Y$。由于 X 紧致，因而列紧，从而 $x_{n_k} \to x \in X$；同理 y_{n_k} 在 Y 中有收敛子列，不妨仍记为 $y_{n_k} \to y \in Y$，因此 $(x_{n_k}, y_{n_k}) \to (x, y)$，此即 $X \times Y$ 列紧，证毕。

习 题

习题 2.6.1 证明紧致拓扑空间中的无穷子集一定有聚点，并用它重新证明定理 2.6.11。

习题 2.6.2 X 是 Hausdorff 拓扑空间，$A_\lambda, \lambda \in \Lambda$ 是紧致子集，证明 $\bigcap\limits_{\lambda \in \Lambda} A_\lambda$ 是紧的。

习题 2.6.3 X 是距离空间，求证 X 紧致等价于 X 上的任何连续函数有界。

2.7 连通性和道路连通性

★★★ 2.7.1 连通性的定义与判别方法 ★★★

定义 2.7.1 如果拓扑空间 X 不能写成两个相交为空的非空开集的并，则称之为**连通**的拓扑空间。

换言之，如果 $X = A \cup B$，$A \cap B = \varnothing$，A，B 为开集，则 $A = \varnothing$ 或者 $B = \varnothing$。

[例 2.7.1] 平凡拓扑空间是连通的。

定理 2.7.1 X 是拓扑空间，则 X 连通与下面两命题都等价

(1) X 不能写为两个相交为空的非空闭集的并。

(2) X 中的既开也闭的集合只有 $\varnothing$ 和 X。

证明：(1) 考虑到开集的余集是闭集，结论是显然的。

(2) $\Rightarrow X$ 连通，若 $A \subset X$ 既是开集也是闭集，则 $X = A \cup A^c, A, A^c$ 为开集，所以 $A = \varnothing$ 或者 $A^c = \varnothing$，即 $A = \varnothing$ 或 X。

$\Leftarrow$若 $X = A \cup BA, B$ 均为开集且 $A \cap B = \varnothing$，则 $A = B^c$ 也为闭集，因此 $A = \varnothing$ 或者 X，证毕。

[例 2.7.2] $X = \{1, 2, 3\}$，赋予离散拓扑，则它不是连通的。这是因为集合 $\{1\}$ 是既开也闭的集合。事实上离散拓扑空间的所有子集都是既开也闭的集合。

［例 2.7.3］ $\mathbb{R}$ 是连通的拓扑空间。

证明：若 $A\subset\mathbb{R}$ 既开也闭，且与 $\varnothing$ 和 $\mathbb{R}$ 不同。$\exists x\notin A$。由于 A 是闭集，则

$$\mathrm{d}(x,A)=\mathrm{d}(x,x_0)>0$$

这里 $x_0\in A$，从而区间（x,x_0）或者（x_0，x）与 A 交集为空；A 为开集，则 $\exists\delta>0$ 使得（$x_0-\delta,x_0+\delta$）$\subset A$，这是矛盾的。

定义 2.7.2 $A\subset X$，若 A 作为 X 的子空间是连通的，则称之为 X 的**连通子集**。

［例 2.7.4］ X 是非空拓扑空间，则其单点集是连通子集。

定理 2.7.2 A 是拓扑空间 X 的连通子集，X_0 是 X 的既开也闭的子集，则 $A\subset X_0$ 或者 $A\cap X_0=\varnothing$。

证明：$A=(A\cap X_0)\cup(A\cap X_0^c)$，$A$ 分解成了两个相交为空的开集的并，A 是连通子集，所以 $A\cap X_0=A$ 或者 $A\cap X_0=\varnothing$，即 $A\subset X_0$ 或者 $A\cap X_0=\varnothing$。

下面给出判定拓扑空间连通的常用方法。

性质 2.7.1 A 是拓扑空间 X 的连通子集，则 $\overline{A}$ 连通。

证明：由 A 是 X 的连通子集知道它也是 $\overline{A}$ 的连通子集。设 $B\neq\varnothing$ 在 $\overline{A}$ 中既开也闭，则 $B\cap A\neq\varnothing$。否则 $A\subset B^c\cap\overline{A}$。由于后者是 $\overline{A}$ 中的闭集，从而也是 X 中的闭集，得到 $\overline{A}\subset B^c\cap\overline{A}$。这跟 B 非空矛盾。再由 A 连通得到 $A\subset B$，所以 $\overline{A}\subset\overline{B}=B$，证毕。

定理 2.7.3 X 是连通的拓扑空间，f：$X\to Y$ 是连续映射，则 $f(X)$ 是 Y 的连通子集。

证明：A 是 $f(X)$ 的既开也闭的集合。根据例 2.4.2 知道 f 是 $X\to f(X)$ 的连续映射，因此由定理 2.4.1 $f^{-1}(A)$ 是 X 的既开也闭的集合。X 连通，则 $f^{-1}(A)=\varnothing$ 或者 X，即有 $A=\varnothing$ 或者 $A=f(X)$，证毕。

［例 2.7.5］ 实数轴上的区间是连通的。

证明：实数轴上的区间有如下形式：(a,b)，$(a,b]$，$[a,b)$，$[a,b]$ $[a,+\infty)$，$(-\infty,a]$，$(a,+\infty)$，$(-\infty,a)$。下面的证明频繁使用定理 2.7.3，不再一一指明。

（1）$\mathbb{R}\cong(a,b)$，所以（a,b）连通。

（2）映射 $y=|\sin x|$ 是 $\mathbb{R}\to[0,1]$ 的连续满射，所以 $[0,1]$ 连

通；$[a,b]\cong[0,1]$ 则 $[a,b]$ 连通。

(3) 映射 $y=e^x$ 是 $\mathbb{R}\to(0,+\infty)$ 的连续满射，所以 $(0,+\infty)$ 连通；$(a,+\infty)\cong(0,+\infty)$ 则 $(a,+\infty)$ 连通。

(4) 映射 $y=|x|$ 是 $\mathbb{R}\to[0,+\infty)$ 的连续满射，所以 $[0,+\infty)$ 连通；$[a,+\infty)\cong[0,+\infty)$ 则 $[a,+\infty)$ 连通。

(5) $(a,b]\cong[a,b)\cong[a,+\infty)\cong(-\infty,a],(-\infty,a)\cong(a,+\infty)$，证毕。

[**例 2.7.6**]　实数轴上的连通集合是区间。

证明：设 $E\subset\mathbb{R}$ 是连通集合，定义

$$a=\inf E,b=\sup E$$

只需要证明 $(a,b)\subset E$。否则

$$\exists c\in(a,b),c\notin E$$

从而

$$(-\infty,c)\cap E=(-\infty,c]$$

是 E 中既开也闭的集合，与 E 连通矛盾。

[**例 2.7.7**]　S^1 是连通的。

证明：$f(x)=e^{2\pi ix}$ 是 $\mathbb{R}\to S^1$ 的连续满射，所以 S^1 连通。

定理 2.7.4　$\mathfrak{B}$ 是拓扑空间 X 的覆盖，且 $\forall B\in\mathfrak{B}$，B 连通，又存在连通子集 A_0 满足 $\forall B\in\mathfrak{B}$，$A_0\cap B\neq\varnothing$ 则 X 是连通的。

证明：A 是 X 的既开也闭的子集。若 $A\neq\varnothing$，则 $\exists B$ 使得 $A\cap B\neq\varnothing$。B 是连通子集，则由定理 2.7.2 知 $B\subset A$，从而 $A_0\cap A\neq\varnothing$。A_0 是连通子集，再由定理 2.7.2 知 $A_0\subset A$，于是 $\forall B$，$A\cap B\neq\varnothing$，即有 $\forall B,B\subset A$，得到 $X=\bigcup\limits_{B\in\mathfrak{B}}B\subset A$，证毕。

[**例 2.7.8**]　$\mathbb{R}^2$ 是连通的。

证明：$\forall x\in\mathbb{R},\{x\}\times\mathbb{R}\cong\mathbb{R}$，则 $\forall x,\{x\}\times\mathbb{R}$ 连通。注意到

$$\mathbb{R}^2=\bigcup_x\{x\}\times\mathbb{R},\mathbb{R}\times\{0\}\cap\{x\}\times\mathbb{R}\neq\varnothing,$$

从而 $\mathbb{R}^2$ 是连通的。

[**例 2.7.9**]　S^2 是连通的。这里

$$S^2:=\{(x_1,x_2,x_3)\mid x_1^2+x_2^2+x_3^2=1,x_i\in\mathbb{R}\}$$

证明：类似于上例，S^2 可以写成纬线圈的并，而经圆与每个纬

线圈相交，证毕。

［**例 2.7.10**］ 定义

$$E=\left\{(x,y)\mid x>0,y=\sin\frac{1}{x}\right\}$$

考虑映射

$$x\to\left(x,\sin\frac{1}{x}\right)$$

则知它是

$$(0,+\infty)\to\mathbb{R}^2$$

的连续映射，从而知道 E 是连通的，因此 $\overline{E}$ 也连通，根据习题 2.3.1 得到

$$\overline{E}=\left\{(x,y)\mid x>0,y=\sin\frac{1}{x},\text{或者 } x=0,-1\leqslant y\leqslant 1\right\}$$

★★★ 2.7.2 连通分支 ★★★

定义 2.7.3 X 是拓扑空间，$A\subset X$ 是连通子集，如果 A 不是任何其他连通集合的真子集，则称 A 是 X 的一个**连通分支**。

定理 2.7.5 非空的拓扑空间一定存在连通分支。

证明：$\{x\}\subset X$ 是连通子集。考虑由包含 x 的所有连通子集形成的集族$\mathfrak{B}$，则 $A=\bigcup\limits_{B\in\mathfrak{B}}B$ 是连通分支。首先，由定理 2.7.4 知道 A 是连通的。若连通集合 A'满足 $A\subset A'$，则 $x\in A'$，由 A 的定义知道 $A'\subset A$，从而 A 不是任何其他连通集合的真子集，证毕。

性质 2.7.2 连通分支是闭集。

证明：$A\subset X$ 是连通分支，则 $\overline{A}$ 连通；根据连通分支的定义 $\overline{A}=A$，从而 A 是闭集。

★★★ 2.7.3 道路连通性 ★★★

定义 2.7.4 X 是拓扑空间，$a:[0,1]\to X$ 连续，则称 a 是 X 中的一条**道路**。

注意，道路是一个映射，虽然常用该映射的像集来形象地表示它。这里 $a(0),a(1)$ 分别称为道路 a 的**起点**和**终点**。

若 $\forall t\in[0,1], a(t)=x_0$，则称 a 为**点道路**。定义 $\bar{a}(t)=a(1-t)$，称为 a 道路的**逆**。当 $a(1)=b(0)$ 时，定义**道路乘积**

$$ab(t)\begin{cases} a(2t), & 0\leqslant t\leqslant \dfrac{1}{2} \\ b(2t-1), & \dfrac{1}{2}\leqslant t\leqslant 1 \end{cases}$$

根据粘接引理，ab 是连续的，因此定义是合理的。

定义 2.7.5　X 是拓扑空间，如果 $\forall x_1,x_2\in X$，存在道路 a 使得 $a(0)=x_1, a(1)=x_2$，则称 X 是**道路连通**的。$A\subset X$，当 A 作为 X 的子空间是道路连通的时，称之为**道路连通子集**。

[例 2.7.11]　$A\subset\mathbb{R}^n$ 是凸集，则 A 是道路连通的。因为 $\forall x_1, x_2\in A$，只需定义 $a(t)=(1-t)x_1+tx_2$ 即可。

性质 2.7.3　X 是道路连通空间，$f: X\to Y$ 连续，则 $f(X)$ 是 Y 的道路连通子集。

证明：$\forall y_1,y_2\in f(X)$，取 $x_1\in f^{-1}(y_1), x_2\in f^{-1}(y_2)$，由于 X 道路连通，存在道路 a 使得 $a(0)=x_1, a(1)=x_2$。定义 $\tilde{a}=f\circ a$ 即可，证毕。

下面的命题说明了道路连通和连通的关系。

定理 2.7.6　道路连通的空间一定是连通的。

证明：设 X 是道路连通的，$A\subset X$ 既开也闭。若 $A\neq\varnothing$，固定 $x\in A$，$\forall y\neq x$，$\exists$ 道路 a 满足 $a(0)=x, a(1)=y$。因为 $a([0,1])$ 连通，根据定理 2.7.2 知 $a([0,1])\subset A$，从而 $X\subset A$，证毕。

下面的例子说明反命题不成立。

[例 2.7.12]　设 $\bar{E}$ 如例 2.7.10 所述，证明它不是道路连通的。

证明：假设它是道路连通的。取定 $(0,y_0), y_0\in[-1,1]$ 和 $\left(x_0, \sin\dfrac{1}{x_0}\right)$，$x_0>0$ 则存在道路 a 连接两点。因此可以找到序列

$$a(t_k)=1, a(s_k)=-1, s_{k+1}<t_k<s_k$$

从而

$$\lim_{k\to\infty}a(t_k)=a(t_0)=1, \lim_{k\to\infty}a(s_k)=a(t_0)=-1$$

矛盾！

习　题

习题 2.7.1　证明任何包含多于两个点的集合，赋予离散拓扑后不是连通的。

习题 2.7.2　证明连续映射 $f:[0,1]\to[0,1]$ 必有不动点，即存在 $x\in[0,1]$ 使得 $f(x)=x$。

习题 2.7.3　任取 x_1，x_2 是 S^n 中的两点，写出一条连接它们的道路，从而证明 S^n 道路连通。

习题 2.7.4　A，B 是道路连通空间 X 的开子集，$A\cup B=X$ 且 $A\cap B$ 是道路连通的，证明 A，B 都道路连通。

第3章 商空间和商映射

3.1 商空间

(X,τ) 是一个拓扑空间，$\mathfrak{R}$是 X 的一个子集族。若 $\forall x \in X$，有且只有一个 $A \in \mathfrak{R}$使得 $x \in A$，则称$\mathfrak{R}$定义了 X 上的一个等价关系。$\mathfrak{R}$中的元素称为 X 在该等价关系下的一个等价类，当 x，y 属于同一个等价类时记作 $x \backsim y$。x 所在的等价类记作 $\langle x \rangle_{\mathfrak{R}}$，子集族$\mathfrak{R}$写作 $X/\backsim$。定义映射 $p: X \to X/\backsim$，它把 x 映射到 $\langle x \rangle_{\mathfrak{R}}$，称 p 为**粘合映射**。下面根据 X 上的拓扑 τ 定义 $X/\backsim$上的拓扑。

定义 3.1.1 容易验证$X/\backsim$上的子集族 $\widetilde{\tau} = \{V \subset X/\backsim \mid p^{-1}(V) \in \tau\}$ 满足3条拓扑公理，它定义了 $X/\backsim$上的一个拓扑，称 $(X/\backsim, \widetilde{\tau})$ 为 (X,τ) 关于$\backsim$的**商空间**。

[例 3.1.1] $X=[0,1]$，定义$\mathfrak{R}=\{\{x\}(0<x<1),\{0,1\}\}$，后面的例子表明此时 $X/\backsim \cong S^1$。

[例 3.1.2] 在单位正方形 I^2 上定义等价关系：$(0,x_2) \backsim (1,x_2)$，其他情形 (x_1,x_2) 与自身等价。我们将 $I^2/\backsim$ 称作**平环**，如图 3-1所示。

[例 3.1.3] 在单位正方形 I^2 上定义等价关系：$(0,x_2) \backsim (1,1-x_2)$，其他情形 (x_1,x_2) 与自身等价。我们将 $I^2/\backsim$ 称作**莫比乌斯带**，如图 3-2 所示。

[例 3.1.4] 在单位正方形 I^2 上定义等价关系：$(0,x_2) \backsim (1,x_2),(x_1,0) \backsim (x_2,1)$ 其他情形 (x_1,x_2) 与自身等价。我们将 $I^2/\backsim$ 称作**环面**，如图 3-3 所示。

[例 3.1.5] 在单位正方形 I^2 上定义等价关系：$(0,x_2) \backsim (1,$

x_2), $(x_1, 0) \backsim (1-x_2, 1)$ 其他情形 (x_1, x_2) 与自身等价。我们将 $I^2/\backsim$ 称作**克莱茵瓶**，如图 3-4 所示。

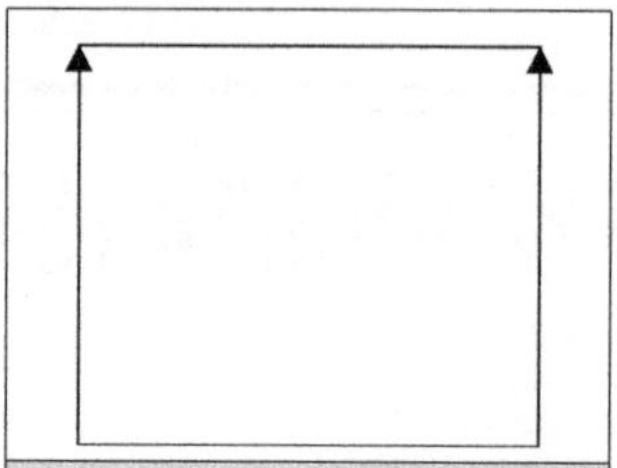

图 3-1 平环

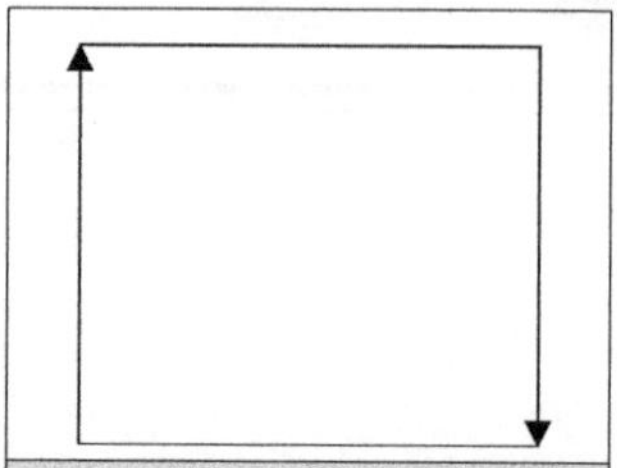

图 3-2 莫比乌斯带

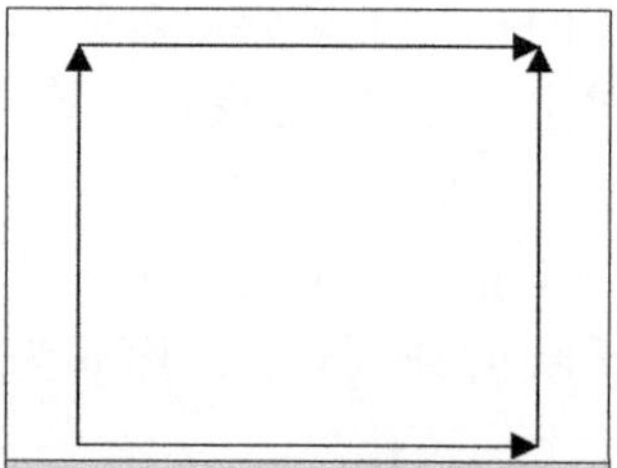

图 3-3 环面

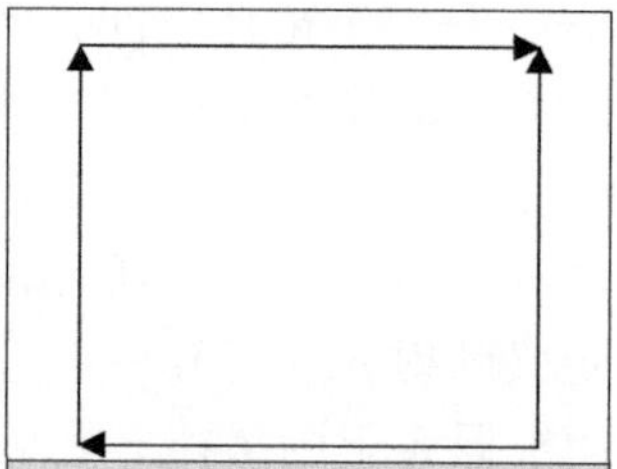

图 3-4 克莱茵瓶

［**例 3.1.6**］ 在单位球面 S^2 上定义等价关系：

$$(x_1, y_1) \backsim (x_2, y_2) \Leftrightarrow x_1 = -x_2, y_1 = -y_2$$

我们将 $S^2/\backsim$ 称作**射影平面**，记作 $\mathbb{R}P^2$。

根据商空间拓扑的定义知道粘合映射 p 是连续的。

定理 3.1.1 映射 f 是商空间 $X/\backsim$ 到拓扑空间 Y 的一个映射，则 f 连续当且仅当 $f \circ p$ 连续。

证明：⇒若 f 连续，由复合映射的性质 2.4.1 得到 $f \circ p$ 连续。

⇐若 $f \circ p$ 连续，$\forall U \subset Y$ 是开集，$(f \circ p)^{-1}(U) = p^{-1}(f^{-1}(U))$ 是 X 中的开集，由商空间拓扑的定义，$f^{-1}(U)$ 是 $X/\backsim$ 中的开集。

若 X，Y 是拓扑空间，f 是 X 到 Y 的一个连续映射，则子集族

$$\mathfrak{R} := \{f^{-1}(y) \mid y \in Y\} \setminus \varnothing$$

定义了 X 上的一个等价关系，此时得到的商空间也记为 X/f。容易看出此时在 X/f 和 $f(X)$ 之间存在一个一一对应 $\widetilde{f}$，把 $f^{-1}(y)$ 映射到 $f(y)$，且 $f = \widetilde{f} \circ p$，由定理 3.1.1 可知 $\widetilde{f}$ 是连续映射。

习　题

习题 3.1.1　把莫比乌斯带的边界粘合为一点得到的是什么空间？

习题 3.1.2　举例说明粘合映射可以既不是开映射也不是闭映射。

3.2　商映射

定义 3.2.1　f 是拓扑空间 X 到 Y 的满映射，若 $V \subset Y$ 是开集当且仅当 $f^{-1}(V)$ 是 X 中的开集，则称 f 是 X 到 Y 的**商映射**。

显然当 f 是 X 到 Y 的满映射时，f 是**商映射**等价于 $E \subset Y$ 是闭集当且仅当 $f^{-1}(E)$ 是 X 中的闭集。

粘合映射 p 是商映射。

定理 3.2.1　f 是 X 到 Y 的商映射，g 是 Y 到 Z 的映射，则 g 连续等价于 $g \circ f$ 连续。

证明：必要性显然。下面证明充分性，$\forall U \subset Z$ 为开集，则

$$(g \circ f)^{-1}(U) = f^{-1}(g^{-1}(U))$$

是 Y 中开集。根据商映射的定义，可知 $g^{-1}(U)$ 是 X 中开集，证毕。

定理 3.2.2　f 是 X 到 Y 的商映射，则 $X/f \cong Y$。

证明：记 p 是 X 到 X/f 的粘合映射，则它是商映射。显然 X/f 和 Y 之间有一一满映射

$$g: \langle x \rangle_f \to f(x)$$

容易看出

$$g \circ p = f$$

由于 f 连续，根据定理 3.2.1 可知 g 连续。再由

$$g^{-1} \circ f = p$$

和定理 3.2.1 得 g^{-1} 连续。从而 g 是同胚映射，证毕。

性质 3.2.1　映射 f 是拓扑空间 X 到 Y 的连续满射。若 X 紧致，

Y 是 Hausdorff 拓扑空间，则 f 是商映射。

证明：任取 $E\subset Y$ 使得 $f^{-1}(E)$ 是闭集，由 X 紧致知道，$f^{-1}(E)$ 是紧集，从而根据定理 2.6.5 知道

$$E = f(f^{-1}(E))$$

是紧集。又 Y 是 Hausdorff 拓扑空间，则由定理 2.6.6 知 E 是闭集，证毕。

推论 3.2.1 映射 f 是拓扑空间 X 到 Y 的连续满射，若 X 紧致，Y 是 Hausdorff 拓扑空间，则 $X/f\cong Y$。

［**例 3.2.1**］ $X=[0,1]$，Y 是单位圆周 S^1，定义 $f(t)=e^{2\pi it}$，则根据推论 3.2.1 知 $[0,1]/f\cong S^1$。容易计算出当 $y\neq(0,1)$ 时存在唯一的 $0<t_y<1$ 使得 $f(t_y)=y$，当 $y=(0,1)$ 时 $f^{-1}(y)=\{0,1\}$，所以此时商空间相当于将区间 $[0,1]$ 首尾相粘。

习　题

习题 3.2.1 设 $f:X\to Y$，$g:Y\to Z$ 都是连续映射，$g\circ f$ 是商映射，证明 g 也是商映射。

习题 3.2.2 设 $f:X\to Y$ 是商映射，B 是 Y 的开集，$A=f^{-1}(B)$ 则 f_A：$A\to B$ 也是商映射。

习题 3.2.3 举例说明商映射可以既不是开映射，也不是闭映射。

3.3 轨道空间

本节介绍一类特殊的商空间——**轨道空间**。X 是拓扑空间，记 $Aut(X)$ 为其所有自同胚形成的群，群加法为同胚映射的复合。

定义 3.3.1（群作用） 设 G 是一个群，q 是 G 到 $Aut(X)$ 的一个群同态，则称 q 是 G 在 X 上的一个群作用。

根据定义，$q(g)$ 是 X 上的同胚映射，因此 $\forall x\in X$，$q(g)(x)\in X$。为了简便起见，通常记作 $g(x)$。

［**例 3.3.1**］ $\forall n\in\mathbb{Z}$，$x\in\mathbb{R}$，定义

$$q(n)(x) = x + n$$

则容易验证，q 是$\mathbb{Z}$ 到$\mathbb{R}$ 的群作用。

[例 3.3.2]　$\forall (n,m) \in \mathbb{Z} \times \mathbb{Z}, \forall (x,y) \in \mathbb{R}^2$ 定义

$$q(n,m)((x,y)) = (x+n, y+m)$$

则 q 定义了$\mathbb{Z} \times \mathbb{Z}$ 到$\mathbb{R}^2$的群作用。

定义 3.3.2（轨道）　若 q 是 G 到 X 的群作用，定义

$$\langle x \rangle = \{ y \mid \exists g \in G, g(x) = y \}$$

称为 x 在 q 下的轨道。

性质 3.3.1　若 q 是 G 到 X 的群作用，则它的轨道定义了 X 上的等价关系。

证明：（1）显然 $x \in \langle x \rangle$。

（2）若 $x \sim y$，即 $\exists g$，$y = g(x)$，则 $g^{-1}(y) = x$，因此 $y \sim x$。

（3）若 $x \sim y$，$y \sim z$，则 $\exists g_1$，g_2 使得 $g_1(x) = y$，$g_1(y) = z$，于是 $g_2 g_1(x) = z$，于是 $x \sim z$。

我们用符号$\underset{\sim}{q}$表示轨道定义的等价关系。

定义 3.3.3（轨道空间）　q 是 G 到 X 的群作用，称商空间 $X/\underset{\sim}{q}$ 为 q 的轨道空间，记作 X/G。

[例 3.3.3]　按照例 3.3.1 定义$\mathbb{Z}$ 在$\mathbb{R}$ 上的群作用，则能够验证

$$\mathbb{R} / \mathbb{Z} = S^1$$

[例 3.3.4]　按照例 3.3.2 定义$\mathbb{Z} \times \mathbb{Z}$ 在$\mathbb{R}^2$上的群作用，则

$$\mathbb{R}^2 / \mathbb{Z} \times \mathbb{Z} = T^2$$

下面给出两个稍微复杂点的例子。

[例 3.3.5]　把 S^3 理解成$\mathbb{C}^2$ 中的单位球面，即

$$S^3 = \{ (z_1, z_2) \mid |z_1|^2 + |z_2|^2 = 1, z_i \in \mathbb{C} \}$$

取两个互素的正整数 n，k，定义

$$h: S^3 \to S^3, (z_1, z_2) \to \left(z_1 e^{\frac{2\pi}{n} i},\ z_2 e^{\frac{2k\pi}{n} i} \right)$$

则 h 是同胚，且 $h^n = \mathrm{id}_{S^3}$。于是可以定义$\mathbb{Z}_n$在 S^3 上的群作用如下

$$\forall m \in \mathbb{Z}_n, q(m)((z_1, z_2)) = h^m((z_1, z_2))$$

我们将此时的轨道空间记作 $L(n,k)$，称为**透镜空间**。

［**例 3.3.6**］ 将 S^1 视为$\mathbb{C}$中的单位圆周，因此按照乘法运算 S^1 有自然的群结构。现在定义 S^1 在 S^3 上的群作用

$$\forall z \in S^1, q(z)((z_1,z_2)) = (zz_1,zz_2)$$

显然 $\langle(z_1, z_2)\rangle$ 同胚于 S^1。而且可以证明 S^3/S^1 同胚于 S^2。该群作用诱导的商映射称为 **Hopf 纤维化**。

第 4 章

同伦与基本群

4.1 映射的同伦

定义 4.1.1 f, g 是 X 到 Y 的连续映射，$I=[0, 1]$，如果存在连续映射 F：$X\times I\to Y$ 使得

$$\forall x\in X, F(x,0)=f(x), F(x,1)=g(x)$$

则称 f 和 g 是**同伦**的。称 F 是 f 到 g 的一个**伦移**。记作 F：$f\simeq g$ 或者 $f\simeq g: X\to Y$。

有时将 $F(x,t)$ 记作 F_t，称为 F 的 **t-切片**。

[例 4.1.1] M 是$\mathbb{R}^n$的凸子集。f, g 是 X 到 M 的连续映射，则 f 和 g 同伦。

证明：映射

$$F(x,t)=(1-t)f(x)+tg(x)$$

是 f 和 g 的伦移。

[例 4.1.2] f, g 是 X 到 S^n 的连续映射，且

$$\forall x\in X, f(x)\neq -g(x)$$

则 f 和 g 同伦。

证明：注意到

$$\forall 0<t<1, \|(1-t)f(x)+tg(x)\|=0\Leftrightarrow f(x)=-g(x)$$

因此映射

$$F(x,t)=\frac{(1-t)f(x)+tg(x)}{\|(1-t)f(x)+tg(x)\|}$$

有意义，且是 f 和 g 的伦移。

[例 4.1.3] f, g 是 X 到 S^1 的连续映射，且

$$\forall x\in X, f(x)=-g(x)$$

则 f 和 g 同伦。

证明：映射

$$F(x,t) = e^{it\pi}f(x)$$

是 f 和 g 的伦移。

记 $C(X, Y)$ 是 X 到 Y 的所有连续映射。

性质 4.1.1 同伦关系是 $C(X, Y)$ 的一种等价关系。

证明：(1) 自反性：$f\in C(X,Y)$，定义 $F(x,t)=f(x)$ 则 $F: f\simeq f$。

(2) 对称性：$F: f\simeq g$，定义 $\widetilde{F}(x,t)=F(x,1-t)$ 则 $\widetilde{F}: g\simeq f$。

(3) 传递性：$F: f\simeq g$，$G: g\simeq h$ 定义

$$H(x,t) = \begin{cases} F(x,2t), & 0\leqslant t\leqslant \dfrac{1}{2} \\ G(x,2t-1), & \dfrac{1}{2}<t\leqslant 1 \end{cases}$$

则由粘接引理知道 H 是连续的，且 $H: f\simeq h$。

定理 4.1.1 $f_0\simeq f_1:X\to Y$，$g_0\simeq g_1:Y\to Z$，则 $g_0\circ f_0\simeq g_1\circ f_1:X\to Z$。

证明：记 $F: f_0\simeq f_1$，$G:g_0\simeq g_1$ 则

$$G_t\circ F_t:g_0\circ f_0\simeq g_1\circ f_1$$

即

$$G(F(x,t),t):g_0\circ f_0\simeq g_1\circ f_1$$

如果 $f\in C(X,Y)$ 且与常值映射同伦，则称它是**零伦**的。当 Y 是凸集时，任何 $C(X,Y)$ 的元素都是零伦的。

习　题

习题 4.1.1 设 y_1，$y_2\in Y$，f_{y1}，f_{y2} 将 X 映为 y_1，y_2 是常值映射，证明 f_{y1} 和 f_{y2} 同伦等价于 y_1，y_2 之间存在一条道路。

习题 4.1.2 证明如果 $f:X\to S^n$ 不是满射，则一定零伦。

4.2 同伦等价

定义 4.2.1 X，Y 是拓扑空间，如果存在映射 $f:X\to Y$，$g:Y\to X$ 满足

$$g\circ f\simeq \mathrm{id}_X, f\circ g\simeq \mathrm{id}_Y$$

则称 X，Y 是**同伦等价**的。记作 $X \simeq Y$，g 称为 f 的**同伦逆**。

[**例 4.2.1**]　求证 $\mathbb{R}^2 \simeq \mathbb{R}$。

证明：映射

$$f((x,y)) = x$$

和

$$g(x) = (x,0)$$

是 $\mathbb{R}^2 \to \mathbb{R}$，$\mathbb{R} \to \mathbb{R}^2$ 的连续映射，且由于 $\mathbb{R}^2$，$\mathbb{R}$ 是凸的

$$g \circ f \simeq \mathrm{id}_{\mathbb{R}^2},\ f \circ g \simeq \mathrm{id}_{\mathbb{R}}$$

定义 4.2.2　设 $A \subset X$，$i: A \to X$ 是包含映射。若映射 $r: X \to A$ 满足

$$r \circ i = r|_A = \mathrm{id}_A$$

则称 r 是 X 到 A 的**收缩映射**。

[**例 4.2.2**]　令 $A = (x,0) \subset \mathbb{R}^2$，定义映射

$$r:(x,y) \to (x,0)$$

则 r 是 $\mathbb{R}^2$ 到 A 的收缩映射。

[**例 4.2.3**]　X 是拓扑空间，$p \in X$，定义映射

$$r: X \to \{p\}$$
$$x \to p$$

则 r 是 X 到单点集合 $\{p\}$ 的收缩映射。

定义 4.2.3　r：$X \to A$ 是收缩映射，若

$$i \circ r \simeq \mathrm{id}_X$$

则称 r 是**形变收缩**。称 A 是 X 的**形变收缩核**。

根据定义可知，r 和 i 互为同伦逆。设 H 是 id_X 和 $i \circ r$ 的同伦映射，则

$$w_x(t) = H(x,t)$$

是连接 x 和 $r(x)$ 的道路。这使得我们很容易从直观上把握形变收缩的概念。

[**例 4.2.4**]　令 $A = (x,0) \subset \mathbb{R}^2$，定义映射

$$r:(x,y) \to (x,0)$$

则 r 是 $\mathbb{R}^2$ 到 A 的形变收缩。映射

$$H:\mathbb{R}^2\times I\to\mathbb{R}^2$$
$$(x,y,t)\to(x,ty)$$
是 r 和 $\mathrm{id}_{\mathbb{R}^2}$ 的同伦映射。

[**例 4.2.5**] $\mathbb{R}^n$ 的凸子集能形变收缩到其中的一点。

定义 4.2.4 如果拓扑空间 X 能够形变收缩到一点，则称它是**可缩的**。

显然可缩空间一定是道路连通的，因为其中任何一点都可以和形变收缩核用一条道路连接起来。

习　题

习题 4.2.1 证明与道路连通空间同伦等价的拓扑空间是道路连通的。

习题 4.2.2 若 B 是 A 的形变收缩核，A 是 X 的形变收缩核，则 B 是 X 的形变收缩核。

习题 4.2.3 若 A，B 都是 X 的形变收缩核，并且 $B\subset A$，证明 B 是 A 的形变收缩核。

习题 4.2.4 证明 S^2 加上其内部一条直径和 S^2 外部加上一条相切的圆周，这两者同伦等价。

4.3 相对同伦

定义 4.3.1 设 $A\subset X$，f，$g\in C(X,Y)$，如果存在 f 和 g 的同伦 F 使得
$$\forall a\in A,\forall t\in I,F(a,t)=f(a)=g(a)$$
则称 f 和 g 相对于 A 同伦，记作 $f\simeq g\ rel\ A$。称 F 是 f 到 g 的相对于 A 的同伦，记作 H：$f\simeq g\ rel\ A$。

显然相对同伦也是 $C(X,Y)$ 的等价关系。

性质 4.3.1 设 $f_0\simeq f_1\ rel\ A$，$g_0\simeq g_1\ rel\ B$，且 $f_0(A)\subset B$ 则
$$g_0\circ f_0\simeq g_1\circ f_1\ rel\ A。$$

证明是简单的，此处从略。

定义 4.3.2 a，b 是 X 上的两条道路，如果 $a\simeq b\ rel\{0,1\}$ 则称 a，b 定端同伦。

$a \simeq b\ rel\{0,1\}$ 的必要条件是它们有相同的起点和终点。

[例 4.3.1]　令 $a(t)=e^{\frac{i}{2}\pi}$，$b(t)=e^{i\pi\left|t-\frac{1}{2}\right|}$是 S^1 上的两条道路，求证它们是定端同伦的。

证明：令

$$F(t,s)=e^{i\pi\left(s\left|t-\frac{1}{2}\right|+\frac{1}{2}(1-s)\right)}$$

则它是 a，b 的定端同伦映射。

拓扑空间 X 在定端同伦下的等价类称作 X 的**道路类**。a 是 X 的一条道路，将其所在的等价类记作 $\langle a\rangle$。由道路类的定义可知，$\langle a\rangle$ 中的道路都有相同的起点和终点，称为 $\langle a\rangle$ 的**起点**和**终点**。起点和终点重合的道路类称为**闭道路**类，起点称为它的**基点**。

习　题

习题 4.3.1　设 $f:X\to Y$ 连续，X 中的道路 a，b 定端同伦，证明 $f\circ a$ 和 $f\circ b$ 定端同伦。

习题 4.3.2　证明 $\mathbb{R}^n$ 的凸集中的有相同起点和终点的道路定端同伦。

4.4 基本群

★★★ 4.4.1　基本群的定义 ★★★

性质 4.4.1　a，b 是拓扑空间 X 的两条道路，则

(1) 若 $a\simeq b\ rel\{0,1\}$ 则 $\bar{a}\simeq\bar{b}\ rel\{0,1\}$。

(2) 若 $a\simeq b\ rel\{0,1\}$，$c\simeq d\ rel\{0,1\}$，且 ac 有意义，则

$$ac\simeq bd\ rel\{0,1\}$$

证明：(1) 若 F：$a\simeq b\ rel\ \{0,1\}$，定义

$$\bar{F}(t,s)=F(1-t,s)$$

显然

$$\bar{F}:\bar{a}\simeq\bar{b}\ rel\{0,1\}$$

(2) 设

$$F:a\simeq b\ rel\{0,1\},\ G:c\simeq d\ rel\{0,1\}$$

由 ac 有意义，知道 $\forall t\in I$，F_tG_t 有意义，定义

$$H(s,t):=F_tG_t$$

则它是 ac 和 bd 的定端同伦。

定义 4.4.1 记 $\alpha=\langle a\rangle$，定义 $\alpha^{-1}=\langle\bar{a}\rangle$。若 $\beta=\langle b\rangle$，当 ab 有意义时，定义

$$\alpha\beta=\langle ab\rangle$$

由性质 4.4.1 可知，以上定义是合理的。

更重要的是，道路类乘法具有结合律。

定理 4.4.1 若 $a\in\alpha$，$b\in\beta$，$c\in\gamma$，且 $(ab)c$，$a(bc)$ 都有意义，则

$$(ab)c\simeq a(bc)\ rel\{0,1\}$$

证明：定义如下的映射

$$f(s):=\begin{cases}a(s), & 0\leqslant s\leqslant 1\\ b(s-1), & 1\leqslant s\leqslant 2\\ c(s-2), & 2\leqslant s\leqslant 3\end{cases}$$

定义 [0, 3] 上的三条道路

$$\tilde{a}(t)=t,\ \tilde{b}(t)=t+1,\ \tilde{c}(t)=t+2$$

则可验证

$$(ab)c=f\circ((\tilde{a}\tilde{b})\tilde{c}),\ a(bc)=f\circ(\tilde{a}(\tilde{b}\tilde{c}))$$

注意到 $(\tilde{a}\tilde{b})\tilde{c}$，$\tilde{a}(\tilde{b}\tilde{c})$ 是凸集 [0, 3] 上的两条起点和终点相同的道路，则它们定端同伦。事实上

$$\tilde{F}(s,t):=(1-t)(\tilde{a}\tilde{b})\tilde{c}(s)+t\tilde{a}(\tilde{b}\tilde{c})(s)$$

是它们的定端同伦映射。因此

$$F(s,t)=f\circ(\tilde{F}(s,t))$$

是 $(ab)c$ 和 $a(bc)$ 的定端同伦映射。实际上能写出此时的同伦为

$$F(s,t):=\begin{cases}a((4-2t)s), & 0\leqslant s\leqslant \dfrac{1}{4-2t}\\ b((4-2s)t-1), & \dfrac{1}{4-2t}\leqslant s\leqslant \dfrac{1}{2}\\ b((2+2t)s-2t), & \dfrac{1}{2}\leqslant s\leqslant \dfrac{1+2t}{2+2t}\\ c((2+2t)s-2t-1), & \dfrac{1+2t}{2+2t}\leqslant s\leqslant 1\end{cases}$$

定理 4.4.2 $\alpha=\langle a\rangle$，起点是 x_0，终点是 x_1，则

$$\alpha\alpha^{-1}=\langle e_{x_0}\rangle,\alpha^{-1}\alpha=\langle e_{x_1}\rangle,\langle e_{x_0}\rangle\alpha=\alpha=\alpha\langle e_{x_1}\rangle$$

这里 e_{x_0}，e_{x_1}是 x_0，x_1 的点道路。

证明：定义

$$F(s,t):=\begin{cases}a(2s(1-t)), & 0\leqslant s\leqslant \dfrac{1}{2}\\ a(2(1-s)(1-t)), & \dfrac{1}{2}\leqslant s\leqslant 1\end{cases}$$

则它是 aa^{-1} 和 e_{x_0} 的定端同伦，因此 $\alpha\alpha^{-1}=\langle e_{x_0}\rangle$，类似可证明 $\alpha^{-1}\alpha=<e_{x_1}>$。定义

$$F(s,t):=\begin{cases}a(ts), & 0\leqslant s\leqslant \dfrac{1}{2}\\ a((1-t)(2s-1)+ts), & \dfrac{1}{2}\leqslant s\leqslant 1\end{cases}$$

则它是 $e_{x_0}a$ 与 a 的定端同伦，从而 $\langle e_{x_0}\rangle\alpha=\alpha$，同理可证明 $\alpha=\alpha\langle e_{x_1}\rangle$。

X 是一个拓扑空间，$x_0\in X$，记所有以 x_0 为基点的道路类的集合为 $\pi_1(X,x_0)$，则有下面的定理。

定理 4.4.3 按照道路类乘法，$\pi_1(X,x_0)$构成一个群。

证明：记 $e=\langle e_{x_0}\rangle$

(1) $\forall\alpha\in\pi_1(X,x_0)$，根据定理 4.4.2 有 $e\alpha=\alpha=\alpha e$，即 e 是单位元。

(2) $\forall\alpha,\beta\in\pi_1(X,x_0)$，有 $\alpha\beta\in\pi_1(X,x_0)$。

(3) $\forall\alpha,\beta,\gamma\in\pi_1(X,x_0)$，根据定理 4.4.1 有$(\alpha\beta)\gamma=$

$\alpha(\beta\gamma)$，即乘法满足结合律。因此 $\pi_1(X,x_0)$ 构成一个群。

称 $\pi_1(X,x_0)$ 是拓扑空间 X 的以 x_0 为基点的基本群。

★★★ 4.4.2 基本群的性质 ★★★

一般而言基本群 $\pi_1(X,x_0)$ 与基点选择有关，但是下面的定理说明，当这些基点在同一个道路连通分支中时，这些群是同构的。

定理 4.4.4 x_0，x_1 在 X 的同一个道路连通分支中，则 $\pi_1(X,x_0)$ 与 $\pi_1(X,x_1)$ 同构。

证明：设 ω 是连接 x_0，x_1 的一个道路类，$\forall \alpha \in \pi_1(X, x_0)$ 定义

$$\omega^{\#}(\alpha) = \omega^{-1}\alpha\omega \in \pi_1(X,x_1)$$

下面说明 $\omega^{\#}$ 是同构。

(1) $\forall \gamma \in \pi_1(X,x_1), \omega^{\#}(\omega\gamma\omega^{-1}) = \omega^{-1}\omega\gamma\omega^{-1}\omega = \gamma$

(2) $\omega^{\#}(\langle e_{x_0}\rangle) = \omega^{-1}\langle e_{x_0}\rangle\omega = \omega^{-1}\omega = \langle e_{x_1}\rangle$

(3) $\omega^{\#}(\alpha\beta) = \omega^{-1}\alpha\beta\omega = \omega^{-1}\alpha\omega\omega^{-1}\beta\omega = \omega^{\#}(\alpha)\omega^{\#}(\beta)$

因此当 X 是道路连通空间时，$\pi_1(X,x_0)$ 的同构型与基点无关，称这个同构型为 X 的**基本群**，记作 $\pi_1(X)$。

定义 4.4.2 道路连通并且有平凡基本群的拓扑空间称为**单连通空间**。

[**例 4.4.1**] D 是 $\mathbb{R}^n$ 中的凸集，则 D 是单连通空间。

证明：显然 D 是道路连通的。取 $x_0 \in D$，则以 x_0 为起点的闭道路定端同伦于点道路 e_{x_0}，因此 $\pi(D,x_0)$ 是平凡群。

[**例 4.4.2**] X 是单连通空间，道路 a，b 满足 $a(0)=b(0)$，$a(1)=b(1)$ 则它们定端同伦。

证明：记 $a(0)=x_0$ 则由单连通的定义可知

$$\langle ab^{-1}\rangle = \langle e_{x_0}\rangle$$

即有

$$\langle a\rangle = \langle ab^{-1}\rangle\langle b\rangle = \langle e_{x_0}\rangle\langle b\rangle = \langle b\rangle$$

从而

$$a \simeq b \ rel\{0,1\}$$

习　题

习题 4.4.1　设 X 是平凡拓扑空间。证明 $\forall x_0 \in X$ 都有 $\pi_1(X,x_0)$ 是平凡群。

习题 4.4.2　设 X 是离散拓扑空间。证明 $\forall x_0 \in X$ 都有 $\pi_1(X,x_0)$ 是平凡群。

习题 4.4.3　设 X 道路连通，任取 x_0，x_1，它们的道路类决定相同的同构，则 $\pi_1(X,x_0)$ 是交换群。

4.5　连续映射诱导的基本群同态

X，Y 是两个拓扑空间，$f:X\to Y$ 连续，$y_0=f(x_0)$，a 是以 x_0 为基点的闭道路，则 $f\circ a$ 是 y_1 为基点的闭道路。$a\simeq a'\ rel\{0,1\}$ 则 $f\circ a\simeq f\circ a'\ rel\{0,1\}$，因此它诱导了 $\pi_1(X,x_0)$ 和 $\pi_1(Y,y_0)$ 的映射

$$f_\pi(\langle a\rangle) = \langle f\circ a\rangle$$

定理 4.5.1　$f_\pi:\pi_1(X,x_0)\to\pi(Y,y_0)$ 是群同态。

证明：$\forall\langle a\rangle,\langle b\rangle\in\pi_1(X,x_0)$ 则 $f\circ(ab)=f\circ af\circ b$。因此得到

$$f_\pi(\langle a\rangle\langle b\rangle) = f_\pi(\langle a\rangle)f_\pi(\langle b\rangle)$$

证毕。

性质 4.5.1　$f:X\to Y$，$g:Y\to Z$ 都是连续映射，则

$$(g\circ f)_\pi = g_\pi f_\pi$$

证明：$\forall\langle a\rangle\in\pi_1(X,x_0)$ 则

$$(g\circ f)_\pi(\langle a\rangle) = \langle(g\circ f)\circ a\rangle$$
$$= \langle g(f(a))\rangle = g_\pi\langle f(a)\rangle = g_\pi(f_\pi(\langle a\rangle))$$

定理 4.5.2　$f:X\to Y$ 是同胚映射，$y_0=f(x_0)$，则 $f_\pi:\pi_1(X,x_0)\to\pi_1(Y,y_0)$ 是群同构。

证明：设 g 是 f 的逆映射，则由上述命题

$$f_\pi g_\pi = (f\circ g)_\pi = \mathrm{id}_\pi$$

且

$$g_\pi f_\pi = (f\circ g)_\pi = \mathrm{id}_\pi$$

因此 f_π，g_π 是群同构。

由该定理可知，基本群是拓扑不变量，同胚的道路连通空间具有

同构的基本群。

定理 4.5.3 X，Y 是道路连通的拓扑空间，若 $X\cong Y$ 则 $\pi_1(X)\cong\pi_1(Y)$。

实际上，以上命题可以推广到同伦等价的拓扑空间。下面先叙述准备性命题。

性质 4.5.2 $f\simeq g:X\to Y$，设 $y_0=f(x_0)$，$y_1=g(x_0)$，H 是 f，g 的同伦映射，则 $w=H(x_0,t)$ 是连接 y_0，y_1 的道路，记它确定的道路类为 ω，则

$$g_\pi=\omega^\#\circ f_\pi$$

我们可以用如图 4-1 所示表示命题中的关系：

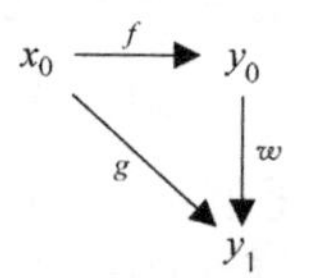

图 4-1　性质 4.5.2 中的关系

证明：只需证明 $\forall\langle a\rangle\in\pi_1(X,x_0)$，$g_\pi(\langle a\rangle)=\omega^\#(f_\pi(\langle a\rangle))$，即

$$w^{-1}(f(a))w\simeq g(a)rel\{0,1\}$$

定义映射

$$F(s,t):=w((1-t)(1-s)+t)H(a(s),t)w((1-t)s+t)$$

则直接验证得到

$$w^{-1}(f(a))w\simeq e_{y_1}g(a)e_{y_1}\ rel\{0,1\}$$

从而有

$$w^{-1}(f(a))w\simeq g(a)rel\{0,1\}$$

证毕。

定理 4.5.4 X，Y 是道路连通的同伦等价的拓扑空间，则 $\pi_1(X)\cong\pi_1(Y)$。

证明：设 $g:Y\to X$ 是 $f:X\to Y$ 的同伦逆，则

$$g\circ f\simeq \mathrm{id}_X,f\circ g\simeq \mathrm{id}_Y$$

记 $y_0=f(x_0)$，$x_1=g(y_0)$ 则

$$g_\pi f_\pi:\pi_1(X,x_0)\to\pi_1(X,x_1)$$

与

$$\mathrm{id}_\pi:\pi_1(X,x_0)\to\pi_1(X,x_0)$$

差一个同构映射，因此 $g_\pi f_\pi$ 是同构，所以 f_π 是单射，g_π 是满射。同理可知 f_π，g_π 是同构，从而 f_π 是满射，g_π 是单射。因此 f_π，g_π

都是同构，$\pi_1(X)\cong\pi_1(Y)$。

习 题

习题 4.5.1 设 $f:X\to Y$ 连续，$x_1, x_2\in X$，$y_1=f(x_1)$，$y_2=f(x_2)$，ω 是从 x_0 到 x_1 的道路类，证明如图 4-2 所示的同态图可以交换：

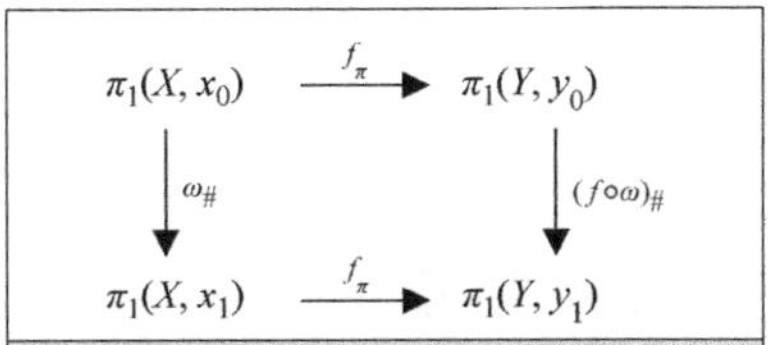

图 4-2 同态图

习题 4.5.2 设 A 是 X 的收缩核，$i:A\to X$ 是包含映射，$r:X\to A$ 是收缩映射，证明 $\forall x_0\in A$，$i_\pi:\pi_1(A,x_0)\to\pi_1(X,x_0)$ 是单同态．$r_\pi:\pi_1(X,x_0)\to\pi_1(A,x_0)$ 是满同态。

4.6 基本群的例子

★★★ 4.6.1 S^1 的基本群 ★★★

将 S^1 看作复平面内的单位圆周，即

$$S^1=\{z\in\mathbb{C}\mid \|z\|=1\}$$

考虑指数映射

$$\pi:\mathbb{R}\to S^1$$
$$t\to e^{2\pi it}$$

取 $z_0=1\in S^1$ 作为基点，首先需要以下技术引理。

引理 4.6.1 令 $a:[0,1]\to S^1$ 是连续映射，若它不是满射，且 $a(t_1)=\pi(s_1)$ 则存在连续映射

$$\widetilde{a}:[0,1]\to\mathbb{R}$$

满足

$$\widetilde{a}(t_1)=s_1,\pi(\widetilde{a}(t))=a(t)$$

可以用如图 4-3 所示的交换图表示引理的内容

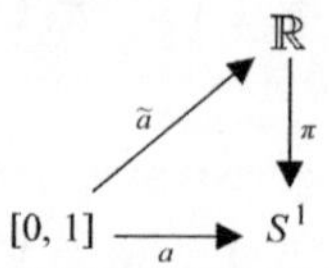

图 4-3 引理 4.6.1 的交换关系

证明：由 a 不是满射，可知存在 $z = e^{2\pi it} \notin a([0,1])$，于是存在整数 n 使得 $s_1 \in (t+n, t+n+1)$，注意到限制映射

$\pi:(t+n, t+n+1) \to S^1 \setminus \{z\}$

是同胚映射。记该限制映射的逆映射是 $\widetilde{\pi}$，则记

$$\widetilde{a}(t) = \widetilde{\pi}(a(t))$$

则 $\widetilde{a}$ 即满足要求。

引理 4.6.2 设 a 是 S^1 的道路，$\pi(t_0) = a(0)$，则存在唯一的 $\widetilde{a}$：$[0,1] \to \mathbb{R}$ 使得

$$a(t) = \pi(\widetilde{a}(t)), \widetilde{a}(0) = t_0$$

证明：令 $U_1 = S^1 \setminus \{-1\}$，$U_2 = S^1 \setminus \{1\}$，则 $S^1 = U_1 \cup U_2$，从而 $a^{-1}(U_1)$，$a^{-1}(U_2)$ 是闭区间 $[0,1]$ 的开覆盖。取 $\frac{1}{n}$ 小于该覆盖的勒贝格数，将闭区间 $[0,1]$ 等分成 n 段，记

$$I_i = \left[\frac{i}{n}, \frac{i+1}{n}\right], 0 \leqslant i \leqslant n-1$$

从而 $I_i \subset a^{-1}(U_1)$ 或 $I_i \subset a^{-1}(U_2)$，因此 $\forall i$，$a(I_i)$ 不是满的。记 $a_i = a\bigg|\left[\frac{i}{n}, \frac{i+1}{n}\right]$ 根据引理 4.6.1 存在 $\widetilde{a}_0(t)$ 使得

$$\widetilde{a}_0(0) = t_0, \pi(\widetilde{a}_0(t)) = a_0(t)$$

存在 $\widetilde{a}_1(t)$ 使得

$$\widetilde{a}_1(0) = \widetilde{a}_0\left(\frac{1}{n}\right), \pi(\widetilde{a}_1(t)) = a_1(t)$$

类似可证明，存在 $\widetilde{a}_i(t)$ 使得

$$\widetilde{a}_i(0) = \widetilde{a}_{i-1}\left(\frac{i}{n}\right), \pi(\widetilde{a}_i(t)) = a_i(t), 0 \leqslant i \leqslant n-1$$

将诸 $\widetilde{a}_i$ 粘接成 $\widetilde{a}$ 则 $\widetilde{a}$ 满足要求。

下面证明唯一性。设 $\widetilde{a}_1$，$\widetilde{a}_2$ 都满足

$$a(t) = \pi(\widetilde{a}(t)), \widetilde{a}(0) = t_0$$

从而有

$$\pi(\widetilde{a}_1(t)-\widetilde{a}_2(t))=0, \widetilde{a}_1(0)-\widetilde{a}_2(0)=0$$

因此 $a'(t)=\widetilde{a}_1-\widetilde{a}_2$ 是 $I\to\mathbb{Z}$ 的映射，又 a' 连续，必然存在整数 n_0 使得

$$\forall t\in I, a'(t)=n_0$$

又 $a'(0)=0$，因此 $a'(t)\equiv 0$，即 $\widetilde{a}_1(t)\equiv\widetilde{a}_2(t)$

上面的证明表明，同一条道路 a 的两个提升 $\widetilde{a}_1$ 和 $\widetilde{a}_2$ 相差一个整数，即

$$\widetilde{a}_1(0)-\widetilde{a}_2(0)=\widetilde{a}_1(1)-\widetilde{a}_2(1)$$

从而整数

$$q(a):=\widetilde{a}_1(1)-\widetilde{a}_1(0)$$

不依赖于提升，完全由道路 a 决定。

引理 4.6.3　a，b 是 S^1 上以 z_0 为基点的两条闭道路，则 a，b 定端同伦 $\Leftrightarrow q(a)=q(b)$。

证明：$\Rightarrow$ 设 a，b 的定端同伦映射为 H，h_t 是它的切片。由一致连续性知存在 δ 使得

$$|t_1-t_2|<\delta\Rightarrow\forall s\in I, h_{t_1}(s)\neq -h_{t_2}(s)$$

我们宣称必有

$$q(h_{t_1})=q(h_{t_2})$$

事实上若不然，不妨设 $q(h_{t_1})>q(h_{t_2})$，取两者提升 $\widetilde{h}_1$ 和 $\widetilde{h}_2$ 满足 $\widetilde{h}_1(0)=\widetilde{h}_2(0)$。注意到 $q(h_{t_1})-q(h_{t_2})$ 是整数，则必存在 s 使得 $\widetilde{h}_1(s)-\widetilde{h}_2(s)=\dfrac{1}{2}$，从而

$$h_{t_1}(s)=\pi(\widetilde{h}_1(s))=\pi\left(\widetilde{h}_2(s)+\frac{1}{2}\right)=-h_2(s)$$

矛盾。于是 $q(h_t)$ 不依赖于 t，从而 $q(a)=q(b)$。

$\Leftarrow$ 若 $q(a)=q(b)$，则取两者提升 $\widetilde{a}$，$\widetilde{b}$ 满足 $\widetilde{a}(0)=\widetilde{b}(0)$，必有

$$\widetilde{a}(1)=\widetilde{b}(1)$$

由 $\mathbb{R}$ 是凸的，则 $\widetilde{a}$，$\widetilde{b}$ 定端同伦，记其同伦映射为 $\widetilde{H}$，于是 $\pi\circ\widetilde{H}$ 是 a，b 的定端同伦映射，证毕。

定理 4.6.1　$\pi_1(S^1, z_0)$ 是自由循环群。

证明：设 $\alpha\in\pi_1(S^1, z_0)$，且 $a\in\alpha$ 是一条闭道路，定义

$$q:\pi_1(S^1,z_0)\to\mathbb{Z}$$
$$q(\alpha)=q(a)$$

由引理4.6.3知道定义是合理的，设$\alpha=\langle a\rangle$，$\beta=\langle b\rangle$。做a，b的提升$\widetilde{a}$，$\widetilde{b}$使得

$$\widetilde{a}(1)=\widetilde{b}(0)$$

于是

$$\begin{aligned}q(\alpha\beta)&=\widetilde{b}(1)-\widetilde{a}(0)\\&=\widetilde{b}(1)-\widetilde{b}(0)+\widetilde{a}(1)-\widetilde{a}(0)\\&=q(\alpha)+q(\beta)\end{aligned}$$

从而q是同态，引理4.6.3说明q是单同态，记$a_0=e^{2i\pi t}$，则显然

$$q(\langle a_0\rangle^n)=n$$

因而q也是满同态，所以是同构，证毕。

★★★ 4.6.2 $S^n(n\geqslant 2)$的基本群 ★★★

在这一节，我们将证明$S^n(n\geqslant 2)$的基本群是平凡的，即它是单连通空间。实际上，有以下一般的结论。

定理4.6.2 设拓扑空间$X=U\cup V$，U，V是单连通开集，且$U\cap V$是道路连通的，则X是单连通的。

证明：显然X是道路连通的。取点$p\in U\cap V$，设a：$I\to X$是以p为基点的闭道路。由已知条件$a^{-1}(U),a^{-1}(V)$是I的开覆盖，记其勒贝格数为δ，将I等分

$$0=t_0<t_1<\cdots<t_n=1$$

其中$t_i=\dfrac{i}{n}$. 取$\dfrac{1}{n}<\delta$，则$a([t_{i-1},t_i])\subset U$或者$V$。定义道路

$$a_i(s)=a((t_i-t_{i-1})s+t_{i-1}),\quad 0\leqslant s\leqslant 1$$

由U，V道路连通，则当$a(t_i)$在U或V时，可用整个包含于U或V的道路b_i连接p和$a(t_i)$，而当$a(t_i)\in U\cap V$时，可要求b_i整个在$U\cap V$。于是道路a同伦于

$$(a_1\cdot b_1^{-1})(b_1\cdot a_2\cdot b_2^{-1})\cdots(b_{n-1}\cdot a_n)$$

注意到每个括号中的元素都同伦于点道路，则a同伦于点道路，证毕。

定理 4.6.3　$S^n(n\geqslant 2)$是单连通空间。

证明：取 $U=S^n\setminus\{(0,0,\cdots,1)\}$，$V=S^n\setminus\{(0,0,\cdots,-1)\}$，显然它们都是开集。由 U，V 与$\mathbb{R}^n$同胚，知道其为单连通。当 $n\geqslant 2$ 时，$U\cap V$是连通的。由定理 4.6.2 可知 S^n 单连通。

★★★ 4.6.3　T^2 的基本群 ★★★

我们将证明下面更一般的定理。

定理 4.6.4　X，Y 是拓扑空间，设 $x_0\in X$，$y_0\in Y$ 则

$$\pi_1(X\times Y,(x_0,y_0))\cong\pi_1(X,x_0)\times\pi_1(Y,y_0)$$

证明：记 p_x，p_y 是 $X\times Y$ 到 X，Y 的投影映射．$\forall\gamma\in\pi_1$（$X\times Y$，(x_0，y_0)）定义

$$\varphi(\gamma)=((p_x)_\pi(\gamma),(p_y)_\pi(\gamma))$$

则 φ 是同构。

事实上，φ 显然是群同态。$\forall\alpha=\langle a\rangle\in\pi_1(X,x_0)$，$\forall\beta=\langle b\rangle\in\pi_1(Y,y_0)$，定义

$$\gamma=\langle(a,b)\rangle$$

则显然 $\varphi(\gamma)=(\alpha,\beta)$，从而 φ 是满射。

若 $\varphi(\gamma)=(e_{x_0},e_{y_0}),\gamma=\langle c\rangle$，设 $c(t)=(c_x(t),c_y(t))$则

$$H(t,s):c_x(t)\simeq e_{x_0},rel\{0,1\}$$

$$G(t,s):c_y(t)\simeq e_{y_0},rel\{0,1\}$$

从而

$$F(t,s)=(H(t,s),G(t,s)):c(t)\simeq e_{(x_0,y_0)},rel\{0,1\}$$

即 φ 是单射。

定理 4.6.5　π_1（T^2）$\cong\mathbb{Z}\times\mathbb{Z}$

证明：注意到 $T^2=S^1\times S^1$，而 $\pi_1(S^1)\cong\mathbb{Z}$，由定理 4.6.4 得证。

习　题

习题 4.6.1　设映射 $f:S^1\rightarrow S^1$ 为

$$f:z\rightarrow -z$$

请描述同态

$$f_\pi:\pi_1(S^1,1)\to\pi_1(S^1,-1)$$

习题 4.6.2 设映射 $f:S^1\to S^1$ 为

$$f:z\to z^3$$

请描述同态

$$f_\pi:\pi_1(S^1,1)\to\pi_1(S^1,1)$$

习题 4.6.3 用同伦等价求平环的基本群。

习题 4.6.4 证明 $\forall n\geqslant 3$，$\mathbb{R}^n$ 和 $\mathbb{R}^2$ 不同胚。

习题 4.6.5 证明莫比乌斯带的边界不是它的收缩核。

4.7 基本群的应用

本节给出基本群的两个应用：一是证明代数基本定理，二是证明一维和二维的 Brouwer 不动点定理。

定理 4.7.1（代数基本定理） 记 $\mathbb{C}$ 为复平面，设 $n\geqslant 1$ 是正整数，

$$p(z)=a_0+a_1z+\cdots+a_nz^n$$

是 $\mathbb{C}$ 上的多项式，则必存在 $z_0\in\mathbb{C}$ 使得

$$p(z_0)=0$$

z_0 称为这个多项式的根，于是复平面上的非常数多项式一定有根。

可以假设命题不成立，由 $p(z)$ 构造 $S^1\to S^1$ 的映射 f，从而得到 $f_\pi:\pi_1(S^1)\to\pi_1(S^1)$ 的群同态。一方面，证明 f 同伦于常值映射，从而得到平凡同态；另一方面证明它与 z^n 同伦，从而得到矛盾。

证明：假设命题不成立，即 $\forall z\in\mathbb{C}$，$p(z)\neq 0$。$\forall z\in S^1$ 定义

$$p_t(z)=\frac{p(tz)}{|p(tz)|}$$

令 $q(z)=a_0+\cdots+a_{n-1}z^{n-1}$，定义

$$p_t^s(z)=a_nt^nz^n+sq(tz),\ 0\leqslant s\leqslant 1$$

注意 $\forall z\in S^1$

$$|p_t^s(z)|\geqslant |a_n|t^n-\sum_{i=0}^{n-1}|a_i|t^i$$

从而取充分大的 t_0，则 $\forall z\in S^1$，$0\leqslant s\leqslant 1$，有 $p_{t_0}^s(z)\neq 0$，从而映射 $\dfrac{p_{t_0}^s(z)}{|p_{t_0}^s(z)|}$定义了 $g(z)=\dfrac{a_n t_0^n z^n}{|a_n t_0^n z^n|}=z^n$ 和$f(z)=p_{t_0}(z)$之间的同伦映射。由于同伦映射诱导同构的基本群同态，则

$$f_\pi:\pi_1(S^1)\to\pi_1(S^1)$$

与

$$g_\pi:\pi_1(S^1)\to\pi_1(S^1)$$

同构。显然 $\forall\langle a\rangle\in\pi_1(S^1)$，于是有

$$g_\pi(\langle a\rangle)=\langle a^n\rangle$$

它是非平凡同态，又 $p_{t_0}(sz)$定义了f和常值映射$\dfrac{a_0}{|a_0|}$之间的同伦映射，从而f_π 平凡，矛盾。

定理 4.7.2 （Brouwer 不动点定理） D^n（$n\leqslant 2$）表示单位闭球，$f:D^n\to D^n$ 是连续映射，则存在 $\xi\in D^n$ 使得

$$f(\xi)=\xi$$

证明：（1）一维情形的证明。当 $n=1$ 时，f 是 $[-1,1]\to[-1,1]$ 的连续函数，若 $\forall x\in[-1,1]$都有$f(x)\neq x$，则可定义

$$g(x)=\frac{x-f(x)}{|x-f(x)|}$$

显然由f连续可知 $g:[-1,1]\to\{-1,1\}$连续。又显然

$$g(-1)=-1,g(1)=1$$

知道 g 是满射。由 $[-1,1]$ 连通可知 $g([-1,1])$连通，这与 $g([-1,1])=\{-1,1\}$矛盾。

（2）二维情形的证明。证明思路与一维情形有相似的地方。假设 $\forall x\in D^2$ 都有$f(x)\neq x$，则可定义

$$g(x)=\frac{x-f(x)}{\|x-f(x)\|}$$

显然由f连续可知 $g:D^2\to S^1$ 连续，考虑

$$g_0=g|_{S^1}:S^1\to S^1$$

容易验证

$$\forall x \in S^1, g_0(x) \neq x$$

从而 g_0 与 S^1 的恒同映射 I 同伦。一方面我们有

$$g_0 = g \circ i$$

这里 i：$S^1 \to S^2$ 是包含映射。由 i 零伦知道 g_0 零伦，从而

$$(g_0)_\pi : \pi_1(S^1) \to \pi_1(S^1)$$

是平凡同态。另一方面，$\pi_1(S^1) = \mathbb{Z}$，从而恒同映射 I 不会诱导平凡同态，于是 g_0 不会诱导平凡同态，这是矛盾的。

附录

习题解答与提示

习题 1.1.1 对称性和三角不等式比较简单，我们只证明“非负性”，即要证明

$$\int_a^b |f(x) - g(x)| dx = 0 \Leftrightarrow \forall x \in [a,b], f(x) = g(x)$$

若不然则存在 $x_0 \in [a,b]$ 使得

$$|f(x_0) - g(x_0)| > 0$$

根据连续性 $\exists \delta > 0$ 使得

$$\forall x \in (x_0 - \delta, x + \delta), |f(x) - g(x)| \geqslant 2|f(x_0) - g(x_0)| > 0$$

因此

$$\int_a^b |f(x) - g(x)| dx \geqslant \int_{x_0-\delta}^{x_0+\delta} \frac{1}{2} |f(x_0) - g(x_0)| dx$$

$$= \delta |f(x_0) - g(x_0)| > 0$$

矛盾!

习题 1.1.2 当 $p = 1$ 时习题 1.1.1 已证明，因此只证明 $1 < p < \infty$ 的情形。对称性是简单的，非负性和习题 1.1.1 类似，下面证明三角不等式。注意到

$$\begin{aligned}\forall x \in [a,b], |f(x) - g(x)|^p &= |f(x) - g(x)| |f(x) - g(x)|^{p-1} \\ &\leqslant |f(x) - h(x)| |f(x) - g(x)|^{p-1} \\ &\quad + |h(x) - g(x)| |f(x) - g(x)|^{p-1}\end{aligned}$$

两边积分，再用积分型的 Hölder 不等式得到

$$\begin{aligned}\int_a^b |f(x) - g(x)|^p dx &\leqslant \int_a^b |f(x) - h(x)| |f(x) - g(x)|^{p-1} dx \\ &\quad + \int_a^b |h(x) - g(x)| |f(x) - g(x)|^{p-1} dx\end{aligned}$$

$$\leqslant \left(\int_a^b |f(x) - h(x)|^p \mathrm{d}x\right)^p \left(\int_a^b |f(x) - g(x)|^p \mathrm{d}x\right)^{\frac{1}{q}}$$

$$+ \left(\int_a^b |h(x) - g(x)|^p \mathrm{d}x\right)^p \left(\int_a^b |f(x) - g(x)|^p \mathrm{d}x\right)^{\frac{1}{q}}$$

这里$\frac{1}{p}+\frac{1}{q}=1$。两边约去公因子即得证明。

习题 1.1.3 该题只需要利用例 1.1.3 的结果，然后取极限即可，故略去细节。

习题 1.1.4 对称性和非负性是简单的，只验证三角不等式。注意到$\forall x, y, z$只要有两个不等，必有

$$\mathrm{d}(x,z) + \mathrm{d}(z,y) \geqslant 1 \geqslant \mathrm{d}(x,y)$$

因此得证。

习题 1.1.5 该题只需利用如下的不等式

$$\frac{|x-y|}{1+|x-y|} \leqslant \frac{|x-z|}{1+|x-z|} + \frac{|z-y|}{1+|z-y|}$$

事实上根据$\frac{u}{1+u}$在$u \geqslant 0$时单调递增得到

$$\begin{aligned}\frac{|x-y|}{1+|x-y|} &\leqslant \frac{|x-z|+|z-y|}{1+|x-z|+|z-y|} \\ &= \frac{|x-z|}{1+|x-z|+|z-y|} + \frac{|z-y|}{1+|x-z|+|z-y|} \\ &\leqslant \frac{|x-z|}{1+|x+z|} + \frac{|z-y|}{1+|z-y|}\end{aligned}$$

习题 1.2.1 首先证明第一个等式

$$\begin{aligned}x \in \left[\bigcup_{\lambda\in\Lambda} U_\lambda\right]^c &\Leftrightarrow x \notin \left[\bigcup_{\lambda\in\Lambda} U_\lambda\right] \\ &\Leftrightarrow \forall \lambda \in \Lambda,\ x \notin U_\lambda \\ &\Leftrightarrow \forall \lambda \in \Lambda,\ x \in U_\lambda^c \\ &\Leftrightarrow x \in \bigcap_{\lambda\in\Lambda} U_\lambda^c\end{aligned}$$

利用第一个等式即能证明第二个等式。

习题 1.2.2 只需要证明$B[x,r]$的补集是开集。$\forall y \notin B[x,r]$，有$\mathrm{d}(x,y) > r$。取

$$r_y = \frac{1}{2}(\mathrm{d}(x,y) - r)$$

则有

$$B_{r_y}(y) \subset B[x,r]^c$$

从而 $B[x,r]^c$ 是开集，证毕。

习题 1.2.3　取 X 为习题 1.1.4 中的距离空间。容易发现

$$B[x,1] = X, B_1(x) = \{x\}$$

因此 $\overline{B}_1(x) = \{x\} \neq B[x,1]$。

习题 1.2.4　任取 $x \in A \cap \overline{B}$，由 A 是开集知道 $\exists r_0 > 0$，$B_{r_0}(x) \subset A$。根据性质 1.2.6 得 $\forall r > 0$，$B_r(x) \cap B \neq \varnothing$，从而

$$\forall r > 0, B_r(x) \cap (A \cap B) \neq \varnothing$$

再由性质 1.2.6 得 $x \in \overline{A \cap B}$，证毕。

习题 1.3.1　根据诱导距离的定义

$$\forall n,m \in \mathbb{Z}, \mathrm{d}(n,m) = |n - m|$$

习题 1.3.2　根据诱导距离的定义

$$\mathrm{d}_{S^1}((1,0),(0,1)) = \mathrm{d}_{\mathbb{R}^2}((1,0),(0,1)) = \sqrt{2}$$

习题 1.3.3　根据乘积距离的定义

$$\begin{aligned}\mathrm{d}_{\mathbf{R}\times\mathbf{R}}((x_1,x_2),(y_1,y_2)) &= \mathrm{d}_{\mathbb{R}}(x_1,y_1) + \mathrm{d}_{\mathbf{R}}(x_2,y_2) \\ &= |x_1 - y_1| + |x_2 - y_2|\end{aligned}$$

习题 1.3.4　设 $X = (x', x_{n+1})$，$x' \in \mathbb{R}^n$。根据乘积距离的定义

$$\begin{aligned}\mathrm{d}_{\mathbb{R}^n\times\mathbb{R}}(X,Y) &= \mathrm{d}_{\mathbb{R}^n}(x',y') + \mathrm{d}_{\mathbb{R}}(x_{n+1},y_{n+1}) \\ &= \sqrt{\sum_{i=1}^{n} |x_i - y_i|^2} + |x_{n+1} - y_{n-1}|\end{aligned}$$

习题 1.4.1　任取 x，$y \in C([a,b])$有

$$\begin{aligned}|f(x) - f(y)| &= \left|\int_a^b |x(t)|\mathrm{d}t - \int_a^b |y(t)|\mathrm{d}t\right| \\ &\leqslant \int_a^b |x(t) - y(t)|\mathrm{d}t \\ &\leqslant \max_{t\in[a,b]} |x(t) - y(t)|(b - a) \\ &= (b - a)\mathrm{d}(x,y)\end{aligned}$$

由此容易知道 f 是连续的。

习题 1.4.2 定义

$$\widetilde{f}(x)=\begin{cases}1, & x\leqslant 1\\ -2x+3, & 1\leqslant x\leqslant 2\\ -1, & x\geqslant 2\end{cases}$$

显然 $\widetilde{f}$ 是 f 的一个扩张。

习题 1.5.1 设 $Q\cap[a,b]=\{r_1,\cdots,r_n,\cdots\}$，定义函数列

$$f_n(x)=\begin{cases}1, & x\in\{r_1,\cdots,r_n\}\\ 0, & x\notin\{r_1,\cdots,r_n\}\end{cases}$$

直接计算可知 $f_n\in R([a,b])$，但它们的极限函数

$$f(x)=\begin{cases}1, & x\in Q\cap[a,b]\\ 0, & x\notin Q\cap[a,b]\end{cases}$$

不是黎曼可积的，因此 $R([a,b])$ 不是完备的。

习题 1.5.2 根据定理 1.5.3 知道

$$\exists r>0, x\in X, \forall y, \mathrm{d}(y,x)\leqslant r$$

因此有

$$\forall y,z\in X, \mathrm{d}(y,z)\leqslant \mathrm{d}(y,x)+\mathrm{d}(x,z)\leqslant 2r$$

从而

$$D\leqslant 2r$$

取序列 $\{x_n\}$，$\{y_n\}$ 使得

$$\mathrm{d}(x_n,y_n)\to D, n\to\infty$$

根据列紧的定义可找到子列 $\{x_{n_k}\}$，$\{y_{n_k}\}$ 使得

$$x_{n_k}\to x_0, y_{n_k}\to y_0, k\to\infty$$

一方面根据直径的定义 $\mathrm{d}(x_0,y_0)\leqslant D$，另一方面根据三角不等式

$$\mathrm{d}(x_{n_k},y_{n_k})\leqslant \mathrm{d}(x_{n_k},x_0)+\mathrm{d}(x_0,y_0)+\mathrm{d}(y_0,y_{n_k})$$

让 $k\to\infty$ 得到 $D\leqslant d(x_0,y_0)$。因此

$$\mathrm{d}(x_0,y_0)=D$$

习题 1.5.3 用反证法。设 X 不是列紧的，因此有序列 $E=\{x_n\}$ 没有收敛子列，即 $E'=\varnothing$，从而

$$E = \overline{E}$$

是闭集。定义 E 上的连续函数

$$f(x_n) = n$$

根据定理1.4.3，它能扩张成 X 上的连续函数$\tilde{f}$。显然$\tilde{f}$无界，这与条件矛盾！

习题2.1.1　略。

习题2.1.2　略。

习题2.1.3　显然 $\varnothing$，$\mathbb{R} \in \tau$；任取一组集合$\{(-\infty, a_\lambda), \lambda \in \Lambda\}$，定义

$$a = \sup_{\lambda \in \Lambda} \{a_\lambda\}$$

则

$$\bigcup_{\lambda \in \Lambda} (-\infty, a_\lambda) = (-\infty, a) \in \tau$$

取有限个$\{(-\infty, a_i), 1 \leqslant i \leqslant n\}$，定义

$$a = \min_{1 \leqslant i \leqslant n} \{a_i\}$$

则

$$\bigcap_{1 \leqslant i \leqslant n} (-\infty, a_i) = (-\infty, a) \in \tau$$

习题2.2.1　首先

$$\mathbb{R} = \bigcup_{n \geqslant 1} (-\infty, n)$$

任取两个集合 $(-\infty, a_1)$，$(-\infty, a_2) \in \mathfrak{B}$

$$(-\infty, a_1) \cap (\infty, a_2) = (-\infty, a), a = \min\{a_1, a_2\}$$

根据定理2.2.1 它是$\mathbb{R}$上的拓扑基。

习题2.2.2　首先根据$\mathfrak{B}$的定义 $[1, 2)$ 是开集，其次考虑它的补集

$$[1,2)^c = (-\infty, 1) \cup [2, +\infty)$$

注意到

$$(-\infty, 1) = \bigcup_{n \geqslant 1} [-n, 1), [2, +\infty) = \bigcup_{n \geqslant 3} [2, n)$$

都是开集，因此 $[1, 2)$ 是闭集。

习题2.3.1

$$\overline{E} = \left\{\left(x, \sin\frac{1}{x}\right), x > 0; (0, y), -1 \leqslant y \leqslant 1\right\}$$

习题 2.3.2 参考习题 1.2.4 即可。

习题 2.3.3 考虑 E 在 A 中的补集

$$A\backslash E = \bigcup_{n\geqslant 1}\left(\frac{1}{n+1},\frac{1}{n}\right)\cup(1,2)$$

是 A 中的开集，因此 E 是 A 中的闭集。

习题 2.3.4 略。

习题 2.3.5 令

$$X=\mathbb{R},A=[0,2],B=[0,1]$$

计算可知 B 在 X 中的内部为 $(0, 1)$，在 $[0, 2]$ 中的内部为 $[0, 1)$，两者不等。

习题 2.4.1 设 $f:X\to Y$ 连续。根据定理 2.4.1 可知 $f^{-1}\left(\overline{f(A)}\right)$ 是闭集，且包含 A。因此

$$\overline{A}\subset f^{-1}\left(\overline{f(A)}\right)$$

从而 $f(\overline{A})\subset\overline{f(A)}$。反之，设 F 是 Y 中的闭集，记 $E=f^{-1}(F)$，只需证 E 是闭集。根据条件

$$f(\overline{E})\subset\overline{f(E)}=\overline{F}=F$$

因此

$$\overline{E}\subset f^{-1}(F)=E\subset\overline{E}$$

从而 $\overline{E}=E$，证毕。

习题 2.4.2 当 f 连续时，根据性质 2.4.1 得 $i\circ f$ 连续。反之，若 $i\circ f$ 连续则根据例 2.4.2，它也是 X 到 $(i\circ f)(X)$ 的连续映射，即 X 到 A 的连续映射。

习题 2.4.3 略。

习题 2.4.4 函数 f 如例 2.4.3 所定义，则它把 $\mathbb{R}\backslash[0,1)$ 中的开集 $[1, +\infty)$ 映射为 $\mathbb{R}$ 中的闭集 $[0, +\infty)$。

习题 2.4.5 函数 f 如例 2.4.3 所定义，则它把 $\mathbb{R}\backslash[0,1)$ 中的闭集 $(-\infty, 0)$ 映射为 $\mathbb{R}$ 中的开集 $(-\infty, 0)$。

习题 2.5.1 略。

习题 2.5.2 略。

习题 2.6.1 设 A 是紧致拓扑空间 X 中的无穷子集，只证明 $A'=$

$\varnothing$。反设 $A' = \varnothing$，则 A 是闭集，且 A 中的点都是孤立点，因此

$$\forall a \in A, \exists \text{ 开集 } V_a, V_a \cap A = \{a\}$$

因此开集族

$$\{V_a(a \in A), A^c\}$$

是 X 的开覆盖。由 X 紧致得到该开覆盖有有限子覆盖，从而 A 元素个数有限，矛盾！

下面用它证明定理2.6.11。设 $\{x_n\} \subset X$，若 $\{x_n\}$ 有无穷多项相同，则必有收敛子列。否则它就是一个无穷集合，因此有聚点，证毕。

习题 2.6.2　由定理2.6.6知 A_λ 是闭集，因此 $\cap_{\lambda \in \Lambda} A_\lambda$ 是闭集。注意到它是紧致集合 A_λ 中的闭集，因此根据定理2.6.5它是紧致的。

习题 2.6.3　设 X 是紧致距离空间，根据定理2.6.11它是列紧的，因此其上的连续函数有界。反之，设距离空间 X 上的连续函数有界，根据习题1.5.3它是列紧的，再由定理2.6.10它是紧致的。

习题 2.7.1　略。

习题 2.7.2　引入函数

$$g(x) = f(x) - x$$

注意到 g 连续，则根据例2.7.6知 $g([0,1])$ 是一个区间。显然 $g(1) \leqslant 0$，$g(0) \geqslant 0$，因此 $0 \in g([0,1])$，证毕。

习题 2.7.3　略。

习题 2.7.4　任取 A 中两点 a_1，a_2。设 a：$I \to X$ 是 X 中连接 a_1，a_2 的一条道路，若 $a(I) \subset A$ 则证毕；否则定义

$$t_1 = \sup\{t \mid a([0,t]) \subset A\},\ t_2 = \inf\{t \mid a([t,1]) \subset A\}$$

容易知道 $a(t_1)$，$a(t_2)$ 都不在 A 中，因此均属于 B。又因为 B 是开集，存在 $\epsilon > 0$ 使得 $a((t_1 - \epsilon, t_1 + \epsilon)), a((t_2 - \epsilon, t_2 + \epsilon)) \subset B$，但根据 t_1，t_2 的定义

$$a((t_1 - \epsilon, t_1 + \epsilon)) \cap A \neq \varnothing, a((t_2 - \epsilon, t_2 + \epsilon)) \neq \varnothing$$

从而可选两个点 b_1，$b_2 \in A \cap B$ 使得 a_1，b_1；a_2，b_2 之间可用 A 中道路连接，又 $A \cap B$ 道路连通，则 b_1，b_2 也能用 A 中道路连接，证毕。

习题 3.1.1　略。

习题 3.1.2　略。

习题 3.2.1 设 $g^{-1}(U)$ 为 Y 中的开集，则 $(g\circ f)^{-1}(U)=f^{-1}(g^{-1}(U))$ 是 X 中的开集，又 $g\circ f$ 是商映射，得到 U 是 Z 中开集，证毕。

习题 3.2.2 设 $f_A^{-1}(U)$，$U\subset B$ 是 A 中的开集，则由 $A=f^{-1}(B)$ 知 A 是 X 中开集从而 $f_A^{-1}(U)$ 是 X 中开集

$$f_A^{-1}(U)=f^{-1}(U)$$

因此 U 是 Y 中开集，从而 U 是 B 中开集。

习题 3.2.3 略。

习题 4.1.1 略。

习题 4.1.2 设 $y_0\notin f(X)$。注意到 $S_n\setminus\{y_0\}$ 与 $\mathbb{R}^n$ 同胚，不妨设 g 是它们之间的同胚映射。根据 $\mathbb{R}^n$ 的凸性可知 $g\circ f$ 零伦。设 F 是一个零伦伦移，则 $g^{-1}\circ F$ 是 f 的一个零伦伦移，证毕。

习题 4.2.1 设 X 道路连通，Y 与之同伦等价，且 f 和 g 是其同伦映射。下面证明 Y 连通。任取 y_1，y_2 则 $(f\circ g)(y_1)$ 与 y_1 有道路相连，$(f\circ g)(y_2)$ 与 y_2 有道路相连，因此只需证明 $(f\circ g)(y_1)$，$(f\circ g)(y_2)$ 有道路相连。注意到 X 道路连通，因此 $f(X)$ 道路连通，从而 $(f\circ g)(y_1)$，$(f\circ g)(y_2)$ 有道路相连，证毕。

习题 4.2.2 只需要复合收缩映射及其同伦映射即可。

习题 4.2.3 只需要取收缩映射及其同伦映射的限制即可。

习题 4.2.4 它们都和相接于一点的两个圆周同伦等价。

习题 4.3.1 略。

习题 4.3.2 略。

习题 4.4.1 任取 $\langle a\rangle\in\pi_1(X, x_0)$，则

$$F(t,s)=\begin{cases}a(t), & 0\leqslant s\leqslant \dfrac{1}{2}\\ x_0, & \dfrac{1}{2}\leqslant s\leqslant 1\end{cases}$$

是 a 和 e_{x_0} 的同伦映射，从而 $\langle a\rangle=\langle e_{x_0}\rangle$。

习题 4.4.2 由于 X 是离散拓扑空间，则任何到 X 的映射像集都只包含一个点，从而知其基本群平凡。

习题 4.4.3 任取 $\alpha=\langle a\rangle$，$\beta=\langle b\rangle\in\pi_1(X, x_0)$。取道路 ω，ω'

连接 x_0，x_1 则

$$\langle \omega^{-1}ab\omega \rangle = \langle \omega'^{-1}ab\omega' \rangle$$

只需要取 $\omega\omega'^{-1}=b$ 则有 $\alpha\beta=\beta\alpha$。

习题 4.5.1　任取 $\langle a \rangle \in \pi_1(X,x_0)$ 则

$$f(\omega^{-1}a\omega) = f(\omega^{-1})f(a)f(\omega) = f(\omega)^{-1}f(a)f(\omega)$$

从而知道交换关系成立。

习题 4.5.2　注意到 $r\circ i=\mathrm{id}$ 因此

$$r_\pi \circ i_\pi = \mathrm{id}_\pi$$

于是 i_π 是单射，r_π 是满射。

习题 4.6.1　取道路 $a(t)=\mathrm{e}^{2\pi it}$ 则 $f(a)(t)=-\mathrm{e}^{2\pi it}=b(t)$，因此 $f(a^n)=b^n$。

习题 4.6.2　S^1 的基本群与 Z 同构，在这种意义下

$$f_\pi(n) = 3n$$

习题 4.6.3　由于平环与 S^1 同伦等价，则它的基本群与 Z 同构。

习题 4.6.4　当 $n\geqslant 3$ 时，$\mathbb{R}^n\setminus\{0\}$ 有平凡基本群，而 $\mathbb{R}^2\setminus\{0\}$ 的基本群与 Z 同构。

参考文献

［1］熊金城．点集拓扑讲义［M］．北京：高等教育出版社，2020.

［2］陈吉象．代数拓扑基础讲义［M］．北京：高等教育出版社，2014.

［3］林金坤．拓扑学基础［M］．天津：南开大学出版社，2007.

［4］尤承业．基础拓扑学讲义［M］．北京：北京大学出版社，1997.

读者需求调查表

读者朋友：

您好！为了给您提供更好的图书产品和服务，我们进行此次调研活动。本问卷所有个人数据仅供调查分析使用，绝无其他用途，请您放心作答，谢谢！

个人信息

姓　　名		性　　别		出生年月	
联系电话		手机号码		E-mail	
学　　历		专　　业		职　　务	
工作单位		通讯地址		邮政编码	

1. 您喜欢的图书表达形式有：

□问答型　□论述型　□实例型　□图文对照　□图解 + 视频　□其他（　）

2. 您喜欢的图书开本为：

□口袋本　□ 32 开　□大 32　□ A5　□ B5　□ 16 开　□大 16　□其他（　）

3. 您常用的图书信息获得渠道为：

□图书征订单　□社交媒体　□书店查询　□书店广告　□网络书店　□专业网站
□行业或协会网站　□专业杂志　□专业报纸　□专业会议　□朋友介绍　□其他（　）

4. 您常用的购书途径为：

□线下书店　□网络书店　□社交媒体　□出版社直购　□单位集采　□其他（　）

5. 您所购图书的定价区间为（元 / 册）：

手册（　）图册（　）技术应用（　）技能培训（　）基础入门（　）其他（　）

6. 您每年用于纸质图书的购书费用为：

□ 100 元以下　□ 101 ~ 200 元　□ 201~300 元　□ 300~500 元　□ 500 元以上

7. 您每年用于电子图书的购书费用为：

□ 100 元以下　□ 101 ~ 200 元　□ 201~300 元　□ 300~500 元　□ 500 元以上

8. 您的购书经费性质为：

□自费　□公费　□公费自费都有（其中自费大致占比为____%）

9. 您更希望通过什么方法接收最新的图书出版信息：

□邮寄书目　□电子邮件　□网页推送　□社交媒体　□电话　□短信　□其他（　）

再次感谢您的支持！如果您还有其他相关问题，欢迎随时和我们联系沟通！

地　　址：北京市海淀区中关村南大街 27 号　中央民族大学出版社　邮政编码：100081
联系电话：13520543780（同微信）电子邮箱：buptzjh@163.com（可来信索取本表电子版）
联 系 人：张老师　　购书热线：010-68932751　　传真号码：010-68932447

编著／翻译图书推荐表

姓　　名		出生年月		职称／职务	
手机号码		联系电话		E-mail	
专　　业		研究方向或教学科目			
工作单位					
通讯地址				邮政编码	
个人简历（毕业院校、所学专业、从事的项目、发表过的论文）					
您近期的写作计划有：					
您推荐的外版图书有：					
您认为目前国内图书市场上比较缺乏的图书主题或产品类型有：					

感谢您的推荐与支持！如果您还有其他相关问题，欢迎随时和我们联系沟通！

地　　址：北京市海淀区中关村南大街 27 号　中央民族大学出版社　邮政编码：100081
联系电话：13520543780（同微信）　电子邮箱：buptzjh@163.com（可来信索取本表电子版）
联 系 人：张老师　购书热线：010-68932751　传真号码：010-68932447